大是文化

# 後疫情時代的企業
# 脫困與獲利

你上班的這家公司有做這些事嗎？
哪類企業反而賺錢？財報該怎麼看能找出好投資標的

コロナショック・サバイバル
日本経済復興計画

協助日本眾多企業度過金融海嘯
最強企業再生專業組織 IGPI 執行長
**富山和彥** ◎著　鄭舜瓏 ◎譯

# 目錄 contents

目錄 contents

目錄 contents

推薦序一／

# 無恃黑天鵝不來，恃吾有以待也

方寸管顧首席顧問、《人生路引》作者／**楊斯棓**

如果說日本社會學家上野千鶴子，讓人聯想到「老後」一詞；日本專業整理師近藤麻理惠，引領我們練就一套令人怦然心動的人生整理魔法，見證「整理」後的無限可能，本書作者富山和彥則可視為「產業重建」界裡的一號巨人，他深度覺察日本人的優缺點，以及持平檢視日本企業文化裡的可貴與弊病。

他的著作中，有三本的觀念遙相呼應：《小主管出頭天》、《挫折力》，以及本書《後疫情時代的企業脫困與獲利》。

在《小主管出頭天》一書中，他憂心日本企業與社會的沉痾文化，列舉明治維新、重建日航與佳麗寶都有賴中階主管，他藉著談中階領導者（按：組織居中階層級，但能以最高管理者的眼界行動）來延伸論述，趁年輕時即早練就領導力的方法跟必要性。

在《挫折力》一書中，他詮釋挫折力是：「熱愛挫折，克服並加以活用的力量。」

他提醒：「現在的日本已經不是大家都搭上同樣的輸送帶，就能直抵成功的時代了。」破除大多數人認為擠進好大學、好公司就等於保障好人生。他觀察：「因為成功的詛咒而變得不幸的人，反而比較多。」

他提及在這種動盪時代，企業往往必須被迫放血，意思是「當判斷某個事業再也無法存活下去時，就必須快刀斬亂麻。」

這讓我想到一位我很尊敬、很有理想性的新陳代謝科診所老闆，本來他的診所聘任藥師，角色是「讓病人對藥物的疑慮與使用，得到（充分的）解答」，在那個理想國，患者可以有充分的時間和藥師溝通，甚至會為了請教藥師而專程赴診所，這種優質環境裡的藥師和醫師，相輔相成，相得益彰，病人是最大的受益者。

但是診所購置原廠藥的利潤，往往不到一〇%（還要用來打平種種人事支出及開銷、水電、稅金等費用），卻被國稅局認定利潤有二二%，資金慢收快付（錢必需提早給藥廠，但很晚才收到國稅局的給付），賠本生意怎麼可能還請得起一位藥師？

不得已，最後他只好裁撤藥局，釋出處方箋，請病人到外面大型藥局或醫學中心領藥。若不裁撤，一直賠錢，連診所也得關門。

而現在，疫情喧囂，飛機停駛，空姐不缺，連空姐補習班都得轉型；愛惜羽毛，儀態口條俱佳，老早就開始經營粉絲團的空姐，就是空姐圈中進可攻退可守的贏家。

疫情沸騰，人不上門，過去半年，很多看感冒的診所，業績衰退三成；早有洞見，疫情前就轉型看耳鳴、頭痛、頑痛（慢性神經痛症）的診所，受的影響相對較小。

靠國際旅客為生的旅館，得重新思考將來的服務，是不是要設計成本國顧客也趨之若鶩？知本老爺、谷關星野，疫情期間仍屹立不搖。但臺北很多星級飯店，虛有其表，地動山搖。

靠機場商務客為主的車行，得好好思考將來的服務，是否把一半的「產能」平時蹲點經營洗腎病患？舉例來說，洗腎病患一週三次，來回兩趟，一床一天可以洗早、午、晚三人，車行如果深得腎友信任，讓腎友願意口耳相傳，這絕對是一門長期穩定獲利的生意。

富山和彥的管顧、經營戰略工作一言以蔽之就是：「教導企業如何從挫折當中重新站起來的工作。」

《後疫情時代的企業脫困與獲利》其實就是把新冠肺炎這個黑天鵝，視為一個大挫折，引領讀者如何用經營者的腦袋，思考從疫情中脫困攻克。

你所處的公司，今年春天的獲利能力如何？在同行中，屬於佼佼者還是接近滅頂者？你們那一行，整個行業因疫情而雞犬升天，還是人間蒸發？

平常要怎麼改善自己或公司的體質，增強遇到黑天鵝的抗挫能力，我想本書會引領你思考，找到你滿意的答案，喚起你立足不敗之地的行動。

推薦序二／

# 危機不要浪費，生機才能換兌

《拆解問題的技術》作者、企管講師、顧問／**趙胤丞**

新冠肺炎疫情全球蔓延，最近網路有一選擇題被熱烈轉載：「誰成功推動企業數位轉型？」答案不是CEO、CTO等高階主管，而是新冠肺炎。而我拜讀完《後疫情時代的企業脫困與獲利》後，內心產生「三個慶幸」：

1. 慶幸臺灣疫情防守的非常嚴謹。
2. 慶幸本書作者富山和彥筆耕不輟。

### 3. 慶幸大是文化此刻出版此書。

為什麼這麼說呢？因為歷史會不斷重演，我們可以向歷史學習！臺灣跟日本的模式，因過去歷史因素而有高相關，所以可透過日本發生的事件，經調整、修正後，進而轉變為臺灣模式，降低疫情對臺灣企業與職場工作者造成的衝擊，特別是臺灣比起其他國家，疫情控制很穩定，但也須以審慎的態度，來看待並為疫情大爆發做充分準備。

富山和彥出版多本著作，像是《小主管出頭天》、《主管厚黑學》、《挫折力》等，都是值得拜讀的好書。

富山和彥目前經營共創基盤（IGPI），幫助企業經營改革與支援成長，很多日本知名企業破產重生之路，他都參與其中。

他透過深厚學識涵養與豐沛實務經驗，清楚梳理疫情下先進國家經濟的三道防線，我們可借用其模式，來思考我們所在之處，以及未來可能走勢往哪方向前進，而自己又該如何因應。

企業經營不是比大小，而是比誰氣長！在危機中依然能夠活下來，才是經過淬煉的真功夫。而在本書中提到，決定企業生死的四項指標（見五十九頁「誰的存活率比較高？」），值得臺灣企業高層特別拿起放大鏡，好好的檢視自家企業狀況。

《後疫情時代的企業脫困與獲利》都在談企業如何活下來，身為一般職場工作者又該如何準備呢？

我會用以下四個行動來因應：

重新盤點自己開銷，優先必要開支花費。

現金為王至理名言，防範未然更差情況。

有借有還再借不難，與銀行建立好關係。

優化自身專業技能，積極展開斜槓人生。

英國前首相邱吉爾曾說過：「不要浪費一場好危機（*Never let a good crisis go to waste.*）。」事情沒有好壞，而是看事情的角度決定了好壞。

推薦序三／

# 世界越糟糕，你要變更好

NU PASTA 總經理／吳家德

英國文豪狄更斯的《雙城記》開頭寫著：這是最好的時代，也是最壞的時代；這是智慧的時代，也是愚蠢的時代；這是信仰的時代，也是懷疑的時代；這是光明的季節，也是黑暗的季節；這是充滿希望的春天，也是令人絕望的冬天。

讀完《後疫情時代的企業脫困與獲利》後，我的腦海裡第一時間浮現這段經典名句。再來則是思考自己如何在這好壞參半的年代好好過日子。

我常說，一本好的商管書籍，不僅提供有用的觀念給讀者，更棒的是，能讓讀者藉由吸收觀念，延伸到自己的生活與工作，進而解決個人或企業的問題。本書便是如此。

本書作者富山和彥是一位實務派的專業人士。說理清楚、分析透澈、角度多元，針對後疫情時代的種種，他提出獨到見解與行動方案，深得我心，也極有共鳴。

我想要針對書中的內文，提出我的三點淺見。

首先，作者說：「真正的淘汰始於危機，也終於危機。」又說：「危機的時代其實就是領導者的時代。」這兩段話我非常認同。

古人云：「英雄造時勢，時勢造英雄。」表示局勢越動盪不安，領導者就越能被看見。又如美國投資大師華倫巴菲特所說：「只有在退潮時，你才知道誰在裸泳。」更是指出在險困的環境下，才能凸顯好公司存在的價值。

而這最重要的靈魂人物，就是好的領導者。

領導人的思維與洞見，會決定企業的成敗。而超前部署的長遠規畫，便是拉開與平庸企業的關鍵。我身為專業經理人，對於書中提及的各項領導策略與作為，便有很深的體會與省思。它山之石，可以攻錯，對於如何治療公司的慢性病，極有助益。

再者，作者提出企業在面臨危機四伏之際，要運用醫學的檢傷分類來思考，想要活命，我們得留下什麼，什麼業務不要做。這和我目前的經營理念完全吻合。

我大學讀企管；研究所念企管；目前博士班也是學企管。企業管理有一件事情是非常重要的，就是分清楚做什麼，才是對公司最有利的。簡言之，就是找出企業獲利的核心能耐，然後把它發揮到淋漓盡致。

最後，企業若是為了活好活滿，朝令可以夕改，這也是我很能認同的。

這個觀點讓我想起我朋友，也是一位企業家的故事。

前幾年的一次重大會議上，他告訴行銷主管不用花大錢增加臉書的粉絲數，只因為當時搜尋引擎Google與臉書並沒有連結。結果，當晚他回到家查詢資料時，竟發現Google已經連結上臉書。隔天一早馬上告知行銷主管，要大幅度提高粉絲人數。據企業家當時告訴我，他的行銷主管還頗有微詞，認為老闆瘋了，怎會講話顛三倒四。所以看到作者所言的朝令夕改，我完全明白這是必要之惡。

「世界越糟糕，你要變更好」，是我讀這本書的最大收穫。工作是成就美好生活的武器，而美好生活的體驗，則需要靠有成就感的工作來完成。

套句廣告臺詞：「世界越快，心則慢」，好好精進自己的本質學能，盡量去挑戰自己的能力，會是作者對你看完這本書的最佳期待。

推薦序四／

# 這波疫情，正是讓自己變強大的時機

商業思維學院院長／游舒帆

二〇二〇年，是個讓人們難忘的年分，更是很多企業如噩夢般的一年。隨著疫情蔓延，生活消費、供應鏈緊縮、工作模式等開始大幅產生變化，過往總認為不可能會發生的場景，陸續發生。固然有些產業在疫情期間受惠，但有更多產業受到重創，迄今仍在生存邊緣掙扎。

過去兩、三年來，許多臺灣企業高喊轉型，但前進的步調始終很緩慢，畢竟轉型並非短期的生死存亡關鍵，但在疫情來襲後，這些企業被逼得不得不轉型，所以才有人說，企業轉型的關鍵角色不是CEO，也不是CIO，而是新冠肺炎。

疫情對企業來說，並非只有負面的效應，也讓企業正視自己經營上的弱項，包含：商業模式的不健全、通路與供應鏈過度單一、財務的穩定性差、人力資源未妥善配置，以及因應變化的能力較弱等。願意面對這些問題的公司，會懂得運用這波疫情加速調整自己的體質，讓自己在下次遭遇一樣的狀況時，有更高的把握能全身而退。

隨著疫情的變化，臺灣因疫情控制得宜，已經率先步入後疫情時代，在這個時間點，我認為臺灣企業應該認真思考以下幾個問題：

第一，分析自身商業模式的弱項。是銷售通路太單一？或者過度仰賴單一供應商？還是產品組合太單薄？抑或利潤持續下滑等，面對自己商業模式的弱項，持續調整體質，抗變化的能力才會提升。

第二，財務與現金流管控。管理現金流對企業來說是重中之重，如何擁有足夠的現金支撐營運所需，除了要能持續有收入外，借貸、舉債、資產變賣等手法通常也得考慮，因此跟銀行建立好關係，累積企業自身的資產，向來是企業經營的重點之一。

第三，重新思考人力資源結構。很多企業為了精簡人事成本，於是在這波疫情期間，進行第一次的人力資源盤點時，才發現公司的人力結構有非常大的問題：專業領域單一，無法因應公司處境調整工作；資深人員薪資高，但專業技能已跟不上時代；面對心態變化與專業性不足，無法帶領企業走出新局；營收不穩定，但全職員工數量遠超所需。

第四，別以為同樣的狀況下次不會再發生。抱持這種苟且心態最要命。二〇〇八年金融風暴到二〇二〇年新冠肺炎，不過差了十二年，若你的企業活得夠久，肯定有機會再次碰到危機。如果你希望遇上危機時，可以安然渡過，從現在開始準備是再恰當不過了。

最後，務必充分吸收這次疫情的教訓，反過來讓自己變得強大，把目光放遠，不要因為疫情稍緩，就放下正在進行的變革，切記，就是因為過往的短視，而忽略了經營上真正重要的事，千萬別重蹈覆轍了。

在《後疫情時代的企業脫困與獲利》中，提供給讀者許多的思路，非常值得大家參考與借鑑。

前言／

# 動用兩百位專家，協助企業脫困與轉型

新冠肺炎肆虐全球。

這波疫情預計少則數月、多則以年計數才會結束，大幅度的壓抑世界經濟的生產與消費。

當系統性經濟遭受不可逆的損害，社會在克服疫情流行後，不可避免的要面對經濟長期衰退的困境。這意味著，產官學金（按：即產業、政府、學界、金融）齊心合力與病毒奮戰的同時，也得設法渡過產業崩壞、金融崩壞、僱用崩壞、經濟崩壞等危機。

這次危機的破壞性，無論在廣度、深度、長度皆遠遠高於二〇〇九年的雷曼風暴。

與新型冠狀病毒的戰鬥，規模不但是全球等級，更是一場長期抗戰。這次的病毒危機，必然和其他的流行病毒一樣，要等到一定規模的人數有了免疫；疫苗與抗病毒藥的開發以及生產變普及，能有效控制爆發性感染與避免症狀更加嚴重時，才能塵埃落定。

疫情爆發後，人類的經濟活動，無論在生產面或消費面，明顯被壓抑。特別是消費量劇減，甚至停滯，帶給企業強大的衝擊，影響未來存續。

對多數企業來說，現金流的來源大半是靠營收，當這道現金流被阻斷，就像人陷入了嚴重的失血狀態，因此，當現金短缺，一家公司便將面臨死亡危機。

無論企業規模是大是小、行業類別，都要面對這個殘酷的現實。

二〇〇九年，發生雷曼事件後，在美國，販售鉅額金融債權（或債務）的汽車產業，因需求下降，連世界數一數二的大企業通用汽車與克萊斯勒，都相繼申請破產。就連經營基礎極為穩固的豐田汽車，在北美也面臨資金枯竭的危機。幸虧當時豐田的顧問奧田碩，趕緊主動聯繫國際協力銀行（Japan Bank for International Cooperation，簡稱JBC），豐田汽車因獲得巨額資金活水注入，而躲過危機。

同時間在日本，以國際線為主、早已被高額固定費用壓得喘不過氣來的日本航空（JAL），因需求遽減，被迫面臨破產危機。二〇〇九年九月，我與律師高木新二郎，共同領導JAL再生特別工作小組，聯合日本最強企業再生專業組織經營共創基盤（IGPI）的專家們，一同處理這場危機。

當時JAL的資金嚴重短缺，每天現金支出數十億日圓，每個月現金最多支出八百億日圓（約新臺幣兩百二十億元），即使得以暫停支付金融機關本金和利息，ＪＡＬ所剩的資金大概再撐一個多月就枯竭，屆時連員工薪資與飛機燃料費都付不出來，全面停航，並面臨和泛美航空相同的困境，也就是破產倒閉。

這次的新冠肺炎也是一樣，前陣子媒體才報導，超越ＪＡＬ、成為日本國際線航空公司龍頭的全日空（ＡＮＡ），每個月支出高達一千億日圓（約新臺幣兩百七十億元），緊急向日本政策投資銀行借三千億日圓（約新臺幣八百二十二億元）。

因為這波疫情短期內無法結束，所以歐美各國領導人皆將此次的抗疫稱為戰爭，就連經濟的復甦也可能演變為一場長期抗戰。如此一來，**企業經營最重要的課題只有一個，就是如何從這場戰爭中存活下來。**

我在ＩＧＰＩ擔任執行長，這是日本最強的企業再生專業組織，我們擁有兩百位專家，他們皆通過危機時期實戰經營的考驗以及淬鍊。

日本約在二十年前面臨金融危機，之後是二〇〇九年的雷曼事件（世界金融危機），緊接而來的東日本大地震以及核能事故，再加上這次的新冠肺炎風暴，在這充滿危機的時代，從IGPI的前身「產業再生機構」（IRCJ）開始，到成立IGPI的這十三年以來，我們歷經各式各樣的考驗，經手的公司包括：三井礦山、佳麗寶、大榮、三澤住宅、地方型的各家巴士公司、日光鬼怒川的各家旅館、JAL、東京電力、新日本工機，以及商工中金……等。

在過程中，我們的身分有時是顧問、公家機關的任務小組、委員會的成員等，有時候則是親自參與，直接擔任經營者、董事、經營幹部的角色，我們甚至收購企業接手經營。

新冠肺炎風暴的廣度、深度、長度，還有破壞性，皆遠高於過去的危機。另一方面，暗藏在這些危機之下的挑戰，還包括全球化、數位革命所帶來的破壞式創新（按：指產品或服務透過科技創新，並以低價、低品質，針對目標族群，突破現有市場所能預測的消費方式）、產業結構大轉型等。

這種破壞性的變化，厲害到可在幾年之內，讓一個大型產業或商業模式完全消滅。無論從突發事件或者是從產業結構轉型的角度來看，我們毫無疑問的，正處於一個「破壞的時代」。

這次的新冠肺炎在世界各地掀起風暴不久之後，我就確信企業轉型（Corporate Transformation，簡稱CX），將成為未來全球企業存續議題中，最重要的關鍵字。

我的意思是，在這個透過破壞式創新，進行產業結構轉型的時代之下，任何企業應該要澈底轉換公司的經營模式與組織架構。

進行企業轉型，最初遇到的難關就是「啟動」。

如果企業部分業務要進行業務改革，或許引進數位轉型（DX）比較容易進行，但我們身處的環境變化劇烈，產業跟事業會很快消失，若企業想進化成能持續抵抗外在環境變化，必須從根本改變組織能力，達到進化、多樣化和高度化。可是，直接從根本改革，會帶給企業非常大的壓力，而且要花很多時間才能啟動。不論組織還是人，都容易陷入習慣之中。除非遭遇很大的事件或強烈的體驗，否則企業很難有所變化。

而新冠肺炎風暴就這樣突然襲擊而來。

在這種危機之下，經營企業的第一個目標就是先活下去，而且還要活的比別人好。換句話說，當危機平息時，你要比別人更早展開回擊攻勢，果敢的透過企業轉型，讓自家企業的成長如連鎖反應般持續下去。

以過去的例子來看，渡過危機後還能持續成長的企業，通常都是以重建（Turn Around，簡稱ＴＡ）為主導，展開企業轉型的企業。

昭和（一九二六年十二月至一九八九年一月）後半的三十年，日本經濟與企業，從戰後復興迅速走向高度成長，在日本，泡沫經濟已來到巔峰；雖然在國際上，我們獲得了「日本第一」（Japan as number one）的名聲，但接下來的平成（一九八九年一月至二〇一九年四月）約三十年，我們歷經泡沫崩壞與經濟長期不振，日本企業無論在營收成長、獲利能力、企業估值等各個層面，已在世界中失去存在感。在這段期間，中國等新興國家的企業卻蓬勃發展，逐漸拉近與日本和歐美先進國家的差距。

繁榮三十年，停滯三十年。日本就在年號改為令和、啟動下一個三十年之際，遇上了新冠肺炎。我們是否能超越這樣的苦難，從過去經濟危機造成的斷壁殘垣中，創造出嶄新的企業樣貌以及型態？日本企業是否能脫胎換骨轉型為富饒多樣性、結構靈活有韌性、新陳代謝力高的組織體？這是我們即將面臨的一場試驗。

第一章

# 小企業難活，大企業難撐，何時才能脫困？

二〇二〇年三月二十八日，我在ＮＨＫ（按：日本的公共媒體機構，主要業務包括電臺廣播及電視廣播）特別節目「震撼的新冠肺炎風暴——能否躲過經濟危機」當來賓。

當時，我在節目上指出，從這次經濟緊縮的原因，和現在日本與世界的經濟結構來看，這次危機的嚴重程度和上次的雷曼事件不可比擬，因為影響的產業與區域更廣，時間更長。

以時間順序來看，首當其衝的是L型（在地，local）經濟圈中的中小型服務業，接著是在G型（全球，global）經濟圈拓展版圖的大企業與其關聯的中小承包企業，會受到經濟緊縮大浪襲擊。如果我們沒有在這個階段擋下衝擊，更傷及金融系統的話，接下來很可能會引發F型（金融危機，financial crisis）。

理解這個大架構，對企業模擬受損狀況以及擬定對策來說，非常重要，接下來我會做更詳細的說明。

## 第一波衝擊——在地產業最先受到影響

這次的危機首當其衝的就是實體經濟，人們為了降低感染風險，所以主動抑制各種經濟活動，跟從金融層面產生的雷曼事件相反，這一回我們感受到的影響，是立即且強烈的。

除了出國受限制，就連國內消費活動也有影響。無論哪個國家、地區，首當其衝的就是觀光、住宿、餐飲、娛樂、零售（日常用品、生活必需品除外）、房地產相關產業等在地服務業。我將這類的產業定義為L型經濟。

我在拙作《為什麼日本要從本土經濟開始復甦》（PHP出版）中提到，這類L型產業群約占現今日本GDP的七〇％，是日本基礎產業。而且他們多是中小企業，也是非正職員工或打工族最多的產業。

現在日本的勞工，約八〇％是中小企業的從業人員或非正職員工（反過來說，大企業、大組織的正職員工只占全體勞工約二〇％）。也就是說，當服務產業面臨危機時，會直接衝擊多數體質孱弱的企業和勞工，以及勞工的家人，影響規模十分龐大。

ＩＧＰＩ因協助企業再生，所以持有「Michinori Holdings」這家專營公共交通相關服務（巴士、鐵道、單軌捷運、計程車、飯店）的公司，以東日本為中心擁有五千名從業人員。

根據我們的經驗，這類的產業在雷曼事件沒有受到太大打擊，但這次就不同了，從遊覽車租賃到快速巴士等，在二〇二〇年二月開始，營收開始大幅縮減。幸好Michinori Holdings的財務體質與生產力，在同業界中屬於頂尖（後面詳述），即使碰上這次危機，依然老神在在。我們甚至以長遠的眼光思考，如何透過這次的機會來推動創新。畢竟，對於小型零售業者居多的巴士租賃以及旅行社業者來說，未來環境只會更加嚴峻。

因為有雷曼事件和東日本大地震的經驗，面對這次危機，日本政府立刻支援企業籌措資金，包括擴大緊急融資的額度、提高員工停工補助款的發放率及鬆綁補助條件，還有籌畫一百零八兆日圓（約新臺幣三十兆元）大規模的緊急經濟對策等，由於補助的對象以中小型企業為主，而且發放的速度非常迅速，所以在二〇二〇年四月上旬，相關產業與企業皆無產生恐慌，挺過第一波攻擊。

二〇二〇年四月七日，以東京等大都市為主的地區有感染擴大的趨勢，當時的首相安倍立刻發出緊急事態宣言。針對指定的區域，要求大部分在密閉空間有近距離接觸的行業停工，並要求居民減少非必要、非緊急的外出（按：以東京、大阪、千葉、神奈川、埼玉、兵庫及福岡等七都府縣為實施對象，實施一個月，至五月六日。然而在四月十六日時，安倍宣布實施擴大至全日本四十七都道府縣，實施期限仍至五月六日止）。

由於被要求停工的對象大多是在地服務業，雖然只實施一個月，但當月營業額幾乎等於零，只怕未來的衝擊會持續加深。

有些人樂觀的認為，遠距上班和宅配市場（這塊市場正不斷成長），應該可以彌補實體經濟上的缺口，但是在地服務產業所吸納的勞工數量非常龐大，期待用相差百倍以上的市場，來代替這樣的缺口，實在很荒謬。

其實像這種支撐大部分國家的GDP與就業結構的L型經濟圈，歐美也是一樣。可以說，這是一場先進國家共通的全球巨型危機。

想要迴避這種不可逆的損害，最好的經濟對策當然是盡早結束疫情。但若在疫情結束之前，經濟出現系統性崩壞的話，即便後來疫情控制住了，想要重建大多數人的人生和生活，仍是一項很大的考驗。

## 第二波衝擊——全球經濟停擺，國際大企業也撐不住

其次受到衝擊的就是汽車、電機等相關的國際型大企業。這些大企業生產的產品，供應鏈大部分仰賴這次病毒發源地中國。所以當中國生產停滯，供應鏈就會受到衝擊。然而，這不過是危機的序曲，真正恐怖的是接下來發生的事——消費突然大幅度停滯，進而引發需求消失、營收消失等衝擊。

當年雷曼事件發生時，第一個消失的需求就是消費性耐久財（按：不容易耗損，可以長期使用的商品，通常指至少能使用三年以上的商品）以及相關的設備投資、零件供應、材料供應的需求。這是因為當人對未來感到極為不安，覺得自己的生命或生活受到實際威脅時，絕對不會特地花大錢買昂貴的消費性耐久財。

說得更清楚一點，就是人們認為某物還可以使用，可以再撐兩、三年才

換新的，如汽車、房地產、電器產品、衣服等，人會大幅的壓抑購買欲望。這和網路購物市場的成長毫無關係。主因不是沒辦法外出，而是對未來感到不樂觀，所以不想花錢。而這個衝擊會直接波及相關產業的設備投資、ＩＴ投資、提供零件材料的企業。

營收消失就等於現金流消失，即使像豐田這種超優良大型企業手頭持有的現金和存款金額，頂多只有兩個月分的營收（見六十四頁至六十五頁的圖表2）。因無法短時間大幅降低固定費用的支出，所以當營收大幅滑落，任何一間大企業，都會在短時間內面臨現金枯竭的問題。

前文提到ＪＡＬ的案例，絕不是讓大家隔岸觀火。若疫情拖長，需求消失，資金缺口會越來越大。雖然可以透過融資或ＣＰ（按：Commercial Paper，商業本票，為了籌措資金的短期無擔保票據）補足資金缺口，但這麼做將累積巨額負債，最終侵蝕掉企業的獲利與存續。

日本地方經濟中，還有不少製造業仍在周邊支援國際型大企業，但這些地方中小製造業同樣會受到波及。這意味著，襲擊G型層級的第二波經濟海嘯的餘波，再次打擊L型層級。

麻煩的是，面對第二波衝擊，就算日本自己控制國內爆發性感染得宜，若主要市場——歐美——的疫情依舊沒有改善，再加上中國無法回到過往那種爆發性消費模式的話，日本的國際型大企業以及相關的地方中小企業，也無法獨善其身。

除了前面提到的ANA等航空產業已陷入危機，其他像是汽車、電機、機械、綜合商社等，許多國際企業也都開始調降業績預測。第二波衝擊已經大軍壓進，這種世界級的疫情若長期拖下去，損害規模只會不斷擴大。

汽車產業等製造業，一開始因為疫情爆發，使供應鏈暫時停工，導致產品無法生產，但疫情前接的訂單還在，所以工廠還有機會復工。但許多大型運動活動，包括溫布頓網球錦標賽停辦、美國高爾夫公開賽等歐美大型運動賽事、音樂活動等，大多決定延期到秋天之後。

總而言之，新冠肺炎風暴帶來的經濟危機，很有可能同時帶給G型層級與L型層級影響深遠的損害。

## 第三波衝擊——金融危機，償債問題與逆石油危機

二〇二〇年三月底前後，企業的資金周轉問題，無論在媒體或日本國會，都被拿出來熱烈討論。在新冠肺炎開始產生衝擊後的數周到一個月左右，企業只要透過融資，確保現金流穩定，就能解決資金周轉問題。

例如，營造商因為供應鏈停工，造成建材短缺，於是無法完成工程，也無法回收款項。這時，營造商可以用「增加營運資金」名義來融資，等到材

料送來，完成工程，業主也支付他們工程款項後，營造商就會立刻償還貸款，這麼一來問題就解決了。

但是，一旦營收消失，且以幾個月、半年，甚至年為單位的話，那麼在這段時間的資金周轉融資，就屬於「虧損補貼」融資，只要營收沒有恢復，該企業只能繼續貸款。隨著時間越長，負債越沉重，不但衝擊事業，還款能力也變弱，當企業無法還債時，其負債就變成不良債權。

用專業術語來說的話，就是從「流動性（資金周轉）風險」轉化為「償債問題」。若真的演變到這一步，不僅會傷及金融機構的資產負債表，還會損及企業的信用創造能力，導致金融緊縮，連帶使實體經濟跟著緊縮，成為惡性循環。

三十年前的泡沫經濟崩壞，日本花了十年解決金融危機。十年前的雷曼事件，也是從流動性風險演變成償債危機。也就是說，當危機轉為惡性發展時，最後可能導致整體金融系統失靈，造成系統性的風險。

在這種局面之下，又發生一件火上加油的事——俄羅斯與沙烏地阿拉伯的增產競爭，導致原油價格暴跌，產生所謂的「逆石油危機」（The reverse oil shock）現象。這幾年，石油美元（按：在七〇年代中期，石油提價後出現的一種金融力量，屬於流動性的資金，對當前國際經濟、國際金融的發展影響較大）是全球最大風險投資，牽動全球的局勢。

在美國，受惠於金融寬鬆以及原油價格走高，使共享石油、共享天然氣等能源相關產業，得以依賴大量的負債成長，產業面的槓桿相當高。在新冠肺炎下，實體經濟面的石油需求必然會呈現低迷。

二〇二〇年四月十二日，包含美國在內的產油國，在這天暫時達成協議——大幅減產一五％，但未來還有許多問題會慢慢發酵。

若原油價格長期下跌，世界的金融資本市場對於原油這種風險投資、槓桿投資，可能會一口氣撤出資金。

在這樣的狀態下，加上新冠肺炎疫情持續衝擊各國，很容易誘發大規模的金融危機，成為F型的第三波衝擊（金融危機）。當走到這一步，代表經濟結構已經嚴重受損，將帶給實體經濟直接的傷害，導致惡性循環。

## 無法再指望中國復甦經濟

約十年前，全世界的經濟能從雷曼事件後復甦，具高成長力與豐沛的財政支援的中國，所扮演的角色不可小覷。

但現在，中國經濟已從當時的高度成長，轉變成穩定成長階段，因此，不能再指望中國像上次一樣，成為帶動世界經濟的火車頭。

中國在財政上能提供的支援力道，無法像過去那樣猛烈，再加上，中國就是新冠肺炎的發源地，抑制人民移動以防止感染擴大的狀況，大概還會持續一陣子。

人對傳染病的潛在恐怖感很強烈，想要消除這份感受並非易事。這次的傳染病的特性，是大半的感染者都只是輕症而且能康復，可是要這些潛在的病毒完全消失、不再爆發大規模感染的機率，幾乎是零。可想見，未來中國的消費者，很難像過往一樣展現爆發性的消費力。

（按：罹患新冠肺炎臨床表現包含發燒、乾咳、倦怠，約三分之一會有呼吸急促。其他症狀包括肌肉痛、頭痛、喉嚨痛、腹瀉等。依據目前研究顯示，患者多數能康復，少數患者嚴重時將進展至嚴重肺炎、呼吸道窘迫症候群或多重器官衰竭、休克等，也會死亡。然而，曾罹患新冠肺炎者，康復後出現專注力不足、短期記憶問題、呼吸困難等康復後遺症。）

再加上美國等先進國家對中國經濟的依賴程度，比日本更甚，前述的第二波衝擊，對他們造成的傷害可能比日本更大。這次在G型產業中引發的供應鏈危機來自於中國，接下來可能會因為新冠肺炎的疫情擴散，導致需求消失，再次受到衝擊。

雷曼事件主要影響的是在美國華爾街以及歐洲的金融市場，這對資本自由化不感興趣，被世界的金融資本市場隔離的中國經濟來說，影響有限。但這次就不是這麼回事了。從地理與經濟上來看，新冠肺炎的影響幾乎衝擊全世界。

## 不論哪一型都將長期受到損害

即使L型經濟圈的日常消費型商業活動，目前看來可望獲得某種程度的恢復，但消費性耐久財或國際線航空等G型經濟圈的商業活動，必須等到全世界的疫情都告一個段落，才有可能恢復以往的繁榮。還有，仰賴外部需求的L型商業活動，如飯店、觀光業等，要等結束疫情，才能恢復。

全世界最大的消費性耐久財市場美國，占全世界GDP的二五%，此次因為國內出現爆發性感染，人們的心理對病毒的恐懼感與日俱增，再加上失業率陡升的影響，想要同時恢復人們健康面和心理面的安心感，似乎還有很長一段路要走。第二大消費市場中國的情況也不樂觀，短時間內不可能恢復過往的爆買風潮。人口比例死亡率最高的歐洲，情況更是嚴峻。

總而言之，全世界地區要恢復新冠肺炎發生前的消費行為，像是大舉購買消費性耐久財、購屋、設備投資、到國外觀光和做生意等，大概要以年為計算單位。

而製造業和航空業等，原本固定支出就很龐大的行業，如果營收長期減少，就算短期可以透過融資來躲過破產，但財務體質也將不斷惡化。

在美國，自雷曼事件發生後，民間部門的資金槓桿（借貸資本占比）因為金融寬鬆低利率的環境，得以支撐不斷提高（請參照下頁圖表1），以不動產業（特別是商用不動產，像商辦和飯店等）和能源產業（頁岩油相關產業、再生能源）為借款最大宗，而這些產業也會因為需求減少，勞動效率、運轉效率降低導致價格下跌。這時若企業的借貸資本占比過高，很容易陷入無法償還的狀態。

當這種狀況持續到F型級，也就是金融危機階段，即使疫情結束，出現一些積極性的資金需求（設備投資資金貸款、房屋貸款、汽車貸款等），若民間金融機構無法發揮信用創造功能，就會大大拖累經濟復甦的腳步。

此外，金融危機造成的損害，會直接反映在金融機構的資產負債表中，沒人能預估傷害到底會多深，到何種地步，一旦金融機構疑心生暗鬼，出現信用緊縮，就很容易陷入惡性循環。一九九〇年代的日本金融系統，就是陷

圖表 1　美國企業債務未償餘額占 GDP 比

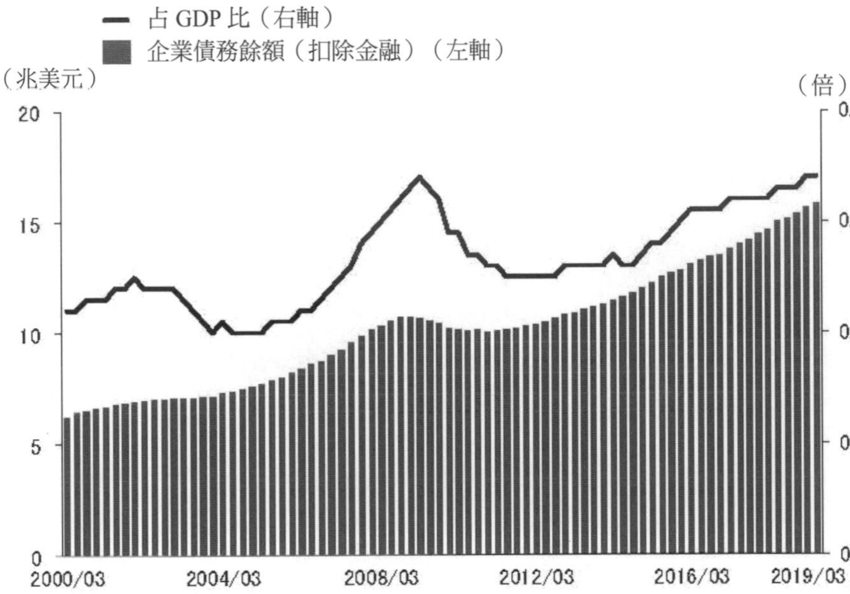


資料來源：IGPI 根據聯邦準備系統（FRB）以及國際結算銀行（BIS）資料製圖。

入這樣的惡性循環。

我認為如何應付G型層級的第二波衝擊，將成為勝負的關鍵。因此全世界的產官學金應齊力合作，無論如何都要擋下第二波衝擊，不要讓它發展成經濟危機。過去三十年。在全世界體驗過最多次經濟危機的國家，應該就是日本經濟。這次是個好機會，我們可以活用過去的經驗，帶頭做出示範，避免世界經濟陷入重大危機。

第二章

# 誰有機會活下來？四項指標是關鍵

目前，新冠肺炎疫情尚沒有減緩的趨勢。

對於不確定的未來，我們不能靠用猜的。本書提到的內容，基本上都是根據過去的經濟危機或大風險等歷史經驗，來推測可能性較高的發展。若我們像德國鐵血宰相俾斯麥一樣，做個「跟歷史學習的聰明人」，勢必能從過去危機中找到提示。

在危機中經營，有兩種想像力非常重要：第一種是對於未來可能發生的事情，第二種則是應對策略的效果。

面對什麼樣的事件要採取什麼樣的策略，若能事先模擬一份這樣的操作手冊，就有可能化解危機。因此，想要做好危機的應對，就要縝密的制定企業永續運作計畫（Business Continuity Planning，簡稱ＢＣＰ）。

面對危機，必須對未來即將發生的事，做好最妥善的準備以及最好的判斷，這時想像力就是最重要的能力，而**歷史就是想像力的基礎**。也就是說，向歷史學習、透過歷史想像未來。

## 世界級危機，是新時代的序幕

西班牙在一百年前爆發流感時，正好是第一次世界大戰。從這個時期開始，世界的霸權國從英國換成美國，同時期東方也出現一個霸權國，蘇聯。

之後，一九二九年美國發生經濟大恐慌，資本主義正式宣告終結，接著集權主義抬頭，進而引發第二次世界大戰。

戰後，社會主義體制變得興盛，信奉社會主義的國家與自由主義各國開始展開冷戰。

時間軸來到最近，一九九〇年前後，當時日本經歷了戰後人類所能經驗到最大級的泡沫經濟。同時間，歐洲的柏林圍牆倒塌，宣告結束古典社會主義體制；中國發生天安門事件；接著歐盟成立。

全球化的大號角就此響起。同時，過去被稱為日本第一的日本式經營和日本公司制度，以及「護送船隊方式」產業政策（按：過去日本金融業界的行政手法之一。比喻戰後日本金融體系像船隊，政府行政指導跟金融監管措施，都是為了讓受困企業可以繼續生存）的興盛期也正式結束。

十年後，時間來到二〇〇〇年，日本的山一證券與日本長銀信用銀行破產，導致金融危機越趨嚴重。亞洲也出現貨幣危機，美國則是網路泡沫破滅。隨後，GAFA（按：即谷歌〔Google〕、蘋果〔Apple〕、臉書〔Facebook〕、亞馬遜〔Amazon〕）等數位平臺興起，促使數位經濟產生破壞性的產業結構轉變，並成為一股無人能抵擋的潮流。

大約在十年前，雷曼兄弟造成世界金融危機後，中國扮演帶動世界經濟的火車頭，大幅提升存在地位。另一方面，日本直接受到數位革命衝擊，卻沒有澈底改變商業模式以及公司的型態，被韓國、臺灣、還有中國等地的製造業新興企業後來居上，被GAFA等數位平臺擋在前面的日本電子產品廠商，特別是大量生產並在終端組裝成品，專門生產影音視聽機器、家電產品等組裝大廠，已不再像過去一樣引領風騷。

在這種危機的時代，同時也是政治、經濟、產業大規模典範轉移的起點（或說分歧點）。透過危機，既有的結構受到破壞，權力者元氣大傷，各種領域開始出現流動化，這時最容易發生巨變。

這次的新冠肺炎也是一樣，往後當我們回顧歷史很可能會發現，這次的危機無論對日本或其他國家來說，都是一個大型典範轉移的契機、新時代的序幕。

一個優秀的領導者面臨危機時應該怎麼做？

除了想辦法從眼前的危機中存活下來，還要對典範轉移後的常規——未來的新標準——做展望、想像，甚至是幻想，預先做好各種準備。幻想，用文雅一點的說法就是願景。當然，我說的不是那種毫無根據的妄想，而是基於歷史法則、事實、邏輯來推斷。接下來，我會為各位介紹幾個我自己描繪的幻想。

## 誰的存活機率比較高？

在朝向幻想的目標邁進前，首先要想辦法從危機中存活下來。所謂「歷史不斷上演」，換個角度想，這也表示我們可以從不斷重複的歷史中，學到教訓。

經濟危機來時如同大海嘯，來得快，去得也快。以這次的狀況來說，遭海嘯襲擊（經濟危機造成的影響），就是企業營收銳減、失去收入、現金流被切斷，彷彿呼吸困難，先缺氧的企業先倒閉。

回顧過去的經濟危機，即使是同一個產業，決定企業生死的，是經歷危機時，手頭的資產流動性（現金、存款）高不高；過往與金融機構是否建立良好的信賴關係；平時賺錢能力強不強（特別是營業現金流量）；以及自有資本的豐厚程度等四點（見下圖）。

手頭的現金存款等於是緊急時的氧氣幫浦。若聽從陰晴不定的股東至上主義者的提議，豪氣的吐出現金，大方的分配紅利、股票、股息等，等到大

**決定企業生死的四項指標**

1. 手頭的資金流動性（現金、存款）高不高。
2. 過往與金融機構是否建立良好的信賴關係。
3. 平時賺錢能力強不強（特別是營業現金流量）。
4. 自有資本的豐厚程度。

難臨頭，才發現氧氣幫浦不夠用，恐怕撐不了多久就窒息而死了。

當公司倒閉，股票變壁紙時，最先受害的就是股東自己。從歷史教訓來看，大型的危機約每十年出現一次。因此，經營者若真心為了股東好，就不要被特定的股東至上主義者，所提出的愚蠢又短視近利的主張給迷惑了。

當經濟危機變嚴重，資本市場就無法運作。這時，即使是大企業的商業本票，也很難取得資金，最後能仰賴的還是只有銀行。想要比別人早一點爭取到融資，平時就要與銀行培養良好的信賴關係，越是受到銀行長期監控的企業，越能優先通過審查。

其他像是平時業績水準很高的企業，特別是銷售現金比（按：企業經營活動現金流量淨額與企業銷售收入的比值），或EBITDA（按：稅前息前折舊前攤銷前利潤）利潤率越高的企業，當業績驟降時，依然能比其他同業維持在更高的水準。

現金流出量維持了原本的固定費用，而現金流入卻因為營業額減少而下降，這兩者的差分決定了利潤，所以平時銷售現金比比較高的企業，如現金銷售比二〇%的公司，即使下降二十個百分點還能持平。但若公司現金銷售比只有五%，可能就變成負一五%，大量現金不斷的流出，損益表（ＰＬ）的數字也會越來越不好看，慢慢吃掉自己的老本，而且從金融機構融資的難度也會跟著提高。

換句話說，在危機時，更能突顯一間公司的經營水準跟實力。若某間公司平時經營良好，現金流有高利潤水準，且有厚實的自有資本，那麼他便能在危機中活下來、在競爭中勝出。

這意味著，對經營良好的企業來說，雖然短時間內業績的絕對數字會驟降，影響層面很大，但相對的，未來它仍有機會可以繼續擴張市占率，驅逐或者收購競爭對手，來強化優勢。

從下頁至六十五頁圖表2、六十六頁圖表3、六十七頁圖表4就能看出，無論美國、日本，全球中哪些企業，能從新冠肺炎風暴中存活下來，且變得更強大。

圖表 **2**　現金存款持有餘額世界排行前 **20** 名（**2019** 年）

| 公司名 | 所在國 | 現金存款餘額 | 淨現金流量 | 預留現金存款換算成月營收月數（月） |
|---|---|---|---|---|
| 蘋果 | 美國 | 5.3 | -0.8 | 2.2 |
| 沙烏地阿拉伯國家石油公司 | 沙烏地阿拉伯 | 5.2 | 1.4 | 1.9 |
| 中國建築 | 中國 | 5.1 | -1.7 | 3.1 |
| 豐田汽車 | 日本 | 4.7 | -14.3 | 1.9 |
| 艾伯維（abbvie） | 美國 | 4.4 | -2.9 | 14.5 |
| 奇異 | 美國 | 4.0 | -1.0 | 4.6 |
| 亞馬遜 | 美國 | 4.0 | -0.9 | 1.6 |
| 碧桂園 | 中國 | 3.9 | -1.8 | 6.1 |
| 軟銀 | 日本 | 3.3 | -11.7 | 4.2 |
| 福斯汽車 | 德國 | 3.2 | -19.0 | 1.2 |

現金單位：兆日圓

（續下頁）

| 公司名 | 所在國 | 現金存款餘額 | 淨現金流量 | 預留現金存款換算成月營收月數（月） |
|---|---|---|---|---|
| 鴻海 | 臺灣 | 3.1 | 0.9 | 2.0 |
| 阿里巴巴 | 香港 | 3.1 | 1.1 | 6.0 |
| 道達爾（TOTAL） | 法國 | 3.0 | -3.4 | 1.9 |
| 中國移動 | 香港 | 2.8 | 5.4 | 2.8 |
| 萬科 | 中國 | 2.6 | -1.5 | 5.4 |
| 三星電子 | 韓國 | 2.5 | 8.5 | 1.4 |
| 本田技研工業 | 日本 | 2.5 | -4.9 | 1.9 |
| 中國中鐵 | 中國 | 2.5 | -1.0 | 2.2 |
| 英國石油（BP） | 英國 | 2.5 | -6.0 | 1.0 |
| 中國鐵建 | 中國 | 2.5 | -0.6 | 2.2 |

現金單位：兆日圓

資料來源：根據產業資料庫 SPEEDA 的資訊，由 IGPI 製表。

・ 不包含金融機構
・ 淨現金流量＝現金存款＋短期性有價證券－有利息的負債餘額
・ 預留現金存款換算成月營收月數＝現金存款 ÷ 每月營收

圖表 **3**　美國企業 **EBIDA** 額排行前 **10** 名（**2019** 年）

| 公司名 | EBIDA（兆日圓） | EBIDA 利潤率（%） | 有利息負債 / EBITDA（倍） |
|---|---|---|---|
| 蘋果 | 8.5 | 29.6 | 1.41 |
| 微軟 | 6.5 | 46.1 | 1.35 |
| AT&T | 6.0 | 30.4 | 3.36 |
| Alphabet（Google 母公司） | 5.4 | 30.3 | 0.33 |
| 威訊通訊 | 4.8 | 33.4 | 3.02 |
| 埃克森美孚 | 4.3 | 15.6 | 1.18 |
| 亞馬遜 | 4.0 | 13.0 | 1.73 |
| 雪佛蘭 | 3.9 | 25.4 | 0.76 |
| 英特爾 | 3.8 | 48.5 | 0.83 |
| 康卡斯特（Comcast） | 3.8 | 31.7 | 2.96 |

資料來源：根據產業資料庫 SPEEDA 裡的資訊，由 IGPI 製成。

圖表 **4**　日本企業 **EBIDA** 額排行前 **10** 名（**2019** 年）

| 公司名 | EBIDA（兆日圓） | EBIDA 利潤率（%） | 有利息負債 / EBITDA（倍） |
|---|---|---|---|
| 豐田汽車 | 4.3 | 14.1 | 4.73 |
| 軟銀集團 | 4.0 | 42.2 | 3.87 |
| NTT | 3.0 | 25.5 | 1.42 |
| KDDI | 1.6 | 31.0 | 0.81 |
| 三井住友<br>金融集團 | 1.5 | 25.9 | 14.99 |
| NTT DoCoMo | 1.5 | 30.7 | 0.04 |
| 本田技研工業 | 1.4 | 9.1 | 5.11 |
| 三菱日聯<br>金融集團 | 1.4 | 21.2 | 22.25 |
| 索尼（Sony） | 1.3 | 14.6 | 1.07 |
| 日產汽車 | 1.2 | 10.5 | 6.59 |

資料來源：根據產業資料庫 SPEEDA 裡的資訊，由 IGPI 製成。

## 第三章

# 那些挺過
# 金融危機的企業，
# 都是這樣活下來

接下來，我會根據ＩＧＰＩ專家們的實際經驗，告訴大家具體的作法，以及我們過往成功從危機中存活下來的心得。

## 想像力：假設最壞的狀況，做最好的準備

在危機時，若樂觀的制定對策，當現實狀況轉為嚴峻，才開始想如何對應，並投入戰力，那麼你便落後對手，公司就會一點一點的走下坡，最後再也無法東山再起。

當第一線的員工、客戶、外部股東、金融機構，都不再信任預測過度樂觀、應對過於遲緩的經營者或經營團隊，那麼組織的士氣會開始下降、交易條件惡化，如果是上市公司，股票會大跌，若再加上法人會計師事務所沒有對決算毫無保留的提出意見，公司信用只會一落千丈。

人是非常脆弱的生物，一想到情況這麼糟，內心多半會感到恐懼、倍感壓力。可是，正因如此，我們才更要先設想好最糟的狀況，如向金融機構申請債務減免、裁員……甚至連宣告破產的可能性，都要考慮進去。經營高層在假設這些恐怖場景時，壓力之大非外界所能想像。尤其有不少中小企業的經營者，用個人連帶保證的方式，為公司貸款。

然而，人們會拒絕想像最糟的情況，所以會不自覺的樂觀下決策。能打散這種氛圍的人只有領導者。領導者應先設想最糟糕的狀況，檢討最周到最妥善的策略清單，然後下指示，進行準備。

**善於處理危機的人，除了要有果敢奮鬥的精神，還要有能力設想多種劇本**（意指各種可能發生的狀況），以窺探未來，除此之外，也要細心的擬定好應急計畫（Contingency plan），像計畫B、計畫C……我們必須先做好這些準備。當然，能用不上這些策略清單最好，慶幸「幸好只是杞人憂天」，反而是最好的發展。

設想最糟糕的狀況，能激發經營者和經營團隊提高戰鬥意願，並活化副交感神經，讓頭腦冷靜下來，這類的人才能帶領公司渡過經營危機。

某著名食品企業的領導者，因為公司將外國牛肉偽裝成日本牛肉，企圖詐領補償，影響企業形象，而陷入經營危機。在記者會上，社長面對緊咬問題不放的記者，情緒失控的說：「我都沒有睡覺耶。」他說這句話的畫面被媒體大播特播，導致公司的信用加速毀損。

為什麼？如果是真心想要面對危機的人，這種時候即使一週不睡覺，表現依然穩定。有些人甚至能發揮出比平時更大的力量。總之就是頑強。就像美國的著名電視影集《無照律師》（*Suits*）裡的主角哈維（Harvey Specter）給人的感覺。

## 透明性：不要怕信用毀損，把壞消息作為轉機

二〇〇三年里索那銀行（Resona Bank）陷入經營危機，日本政府決定收購這公司，並聘請JR東日本（東日本旅客鐵道）公司副社長細谷英二當經營者。當時，首相小泉政權下的金融擔當大臣竹中平藏，正在推動金融再生計畫，針對金融機構提供約六十兆日圓（約新臺幣十六・五兆元）的資本挹注，由於有這項計畫，日本政府才能重建里索那銀行。

當時小泉政權下的產業再生大臣谷垣禎一，設立了產業再生機構（IRCJ），並獲得十兆日圓（約新臺幣二・八兆元）用來挹注實業公司。我是那個機構實質上的領導者，所以當里索那事件發生時，我可以說是近距離的接觸到這個事件。

當時很多金融機構相關人士都看衰這件事：「里索那要成功重建，一定

要是金融出身而且有特殊關係的人才行。」、「里索那銀行有很多地雷，你一定會被炸飛。」、「我看政府投下的那筆錢，大概別指望回收了。」

在這種情況下，細谷董事長仍接下挑戰，他進行極為嚴格的審查內部，把銀行所有隱藏的問題、壞消息，都放在檯面上受公眾檢視。他要求的資產審查異常嚴格，讓外界的人都感到訝異：「有必要做到這種程度嗎？」他甚至把政府挹注的兩兆日圓（約新臺幣五千五百億元）一口氣全拿去補貼銀行巨額的損失。

當公司的經營變得困難，會上呈給領導者的事，大都是壞消息。這時領導者的腦中會浮現許多擔憂：如果壞消息越來越多，公司會不會破產？如果這件事被傳出去，公司的評價和信用都會毀損，事業將無法持續下去；公司走下坡，人心是否會向背？再加上現在是網路時代，壞消息被放到網路後，免不了被加油添醋、大肆渲染。

這些擔憂是所有經營高層共通的恐懼。自然而然的，大家都想盡量蓋住不好的消息，認為至少等風頭過去再說。而第一線員工也會有這種想法，壞事盡量拖延，不想馬上告知上層，久而久之就成習慣。在當時，無論是因不良債權問題而感到煎熬的銀行，或苦於經營不振的實業公司，大多有這些共通的傾向。

但是面臨經營危機，會帶給企業致命傷的重大壞消息，正好是經營者最需要的關鍵消息。若無視這個消息，輕易做決策，很可能導致致命的錯誤。再者，紙包不住火，這些壞消息遲早會傳出去，等到謠言滿天飛時，只會更加毀損企業的信用。拒絕透明公開，選擇隱瞞消息或說謊，當謊言如滾雪球般變大，最後只剩毀滅一途。

就算暫時蒙混過去，最後仍會像奧林巴斯（按：Olympus，原為日本醫療儀器與相機大廠，但該公司的三位主管隱匿投資虧損長達十三年、作會計假帳十七億美元）事件一樣，地雷總有一天會被引爆。

細谷董事長接手企業再生、危機經營之初，就毅然決然的一掃上述的惡弊，勇敢的把真實的狀況攤在陽光底下，並讓組織內外都了解自家銀行的受損程度，這在當時的金融界是非常前衛的作法。

其實，細谷董事長曾成功改革藏汙納垢的日本國鐵，那次也是一場壯烈的戰役，現在想想，或許也只有他能完成重整里索那銀行的艱鉅任務。

**所謂的信用就是對情報存疑。當外界開始懷疑你是否藏匿更嚴重的事情時，你的信用就受損了。**但若不能讓組織裡的成員以及持有股份的人，對公司受損程度及病狀有完整正確的共識，就無法進行嚴格的治療。

透過如此嚴格的審查，里索那銀行的不良債權完全攤在陽光底下。我們這些顧問則是捲起袖子，與那些不良債權的標的企業，肩並肩的幫助他們再生與重組。這些企業也一樣透過嚴格的審查，把他們的事業與財務問題公諸於世，下定決心走向真正的再生。這些企業後來都恢復原本的獲利能力以及股價。幾年後，里索那銀行獲利數千億日圓，當初的虧損全都補回來了。

理當是「金融素人」的細谷董事長透過大改革，把里索那銀行從頭到腳澈底改造一番，包括企業文化全都完美的再生，甚至可說是新生，政府挹注在里索那的資金，也在二〇一五年全部回收完畢。

## 丟掉損益表！管理每天的現金流量最重要

在生死鬥的戰場上，損益表的數字，如營收，有沒有比前年好、獲利如何等討論，老實說，完全不重要。這一點無論是事業部門單位、海外據點單位都適用。**這時最好的管理指標，同時也是企業存續的救生索，應該是現金才對。**

雖說如此，要捨棄平時看慣的指標（損益目標），無論對經營團隊、財經部門，甚至是事業部門來說，都不是件容易的事。因為我們都希望能改善損益表的數字，讓狀況好轉，才會感到安心。

但是，假設為了增加營收數字，寧願放任欠款增加，這樣公司的現金會大減。以汽車來說，想要化解銷售不振的影響，最簡單的做法就是放寬汽車貸款的審查，用現金回饋的方式變相降價即可。這麼做雖然可以增加營收，但不能立即拿到現金，而且要是貸款變成不良債權，接下來就是悲劇了。

此外，若為了增加獲利而提升生產數量，即使單價的成本可以下降，但庫存變多，也代表手頭的現金一定會減少。又或者為了壓低進貨單價用現金支付，雖然利潤變多了，但資金周轉靈活度不夠，現金流還是很危險。

所以在這種時候，不管損益表上的營收數字減少或營業出現虧損，**各個部門都應以提高現金為優先。**

而且，**現金餘額在危機時，應列為每日管理項目**。現金短缺通常會發生在月間餘額減少最多的那天發生。以日本來說，比起月底，公司現金更常在付薪水的二十五號那天見底。全世界不管哪間企業，如果在發薪水那天發不出薪或付不出帳單，並且被傳到網路上散播的話，就連大型企業的信用，也可能會瞬間跌落谷底。

但是幾乎所有的企業，平時的財務監控指標都是看損益表，我想這是難免的。但當經濟危機突然降臨，營收急遽減少，轉眼間現金大量流出時，很多公司其實無法立即知曉自己的錢流到哪裡。

這就如同電視劇裡播的，外科名醫在動手術時突然看到患者出血，但卻不曉得血是從哪裡冒出來的狀況一樣。發生這種狀況時，大企業比小企業；國際公司比本土公司所冒的風險較高。因為可能出血的地方很多，而且散布世界各地。

以我們的經驗來說，幾乎沒有一間國際型的大企業會每天統整、管理全世界支付窗口的現存款出入及餘額。但事實上，這樣的機制在面對危機時，其實很好用，極端來說，每天都用 Excel 統計也無妨，重點是統整。**當經濟危機有可能拖長時，最好先擬定未來一年現金量，並隨時更新這個模式。**

從組織營運層面來看，財務長（CFO）系統、營運長（COO）系統、策略長（CSO）系統，應統整為一個系統，並納於領導者（CEO）底下，作為非常時期的臨時體制，讓決策者或單位，不管在獲取情報或判斷，都可以集中管理公司的事業、財務（資金）。

若不這麼做，即使CFO系統的人拚命的在調度、管理資金，但事業系統可能因某個活動，不斷的花大錢。或者，COO或CSO系統認為，因面臨危機，導致最重要的供應商的資金支援被切斷了。當危機過去，若該供應商倒閉，將大大的延遲公司恢復事業動能的進展。

我有過這樣的經驗：ＪＡＬ再生任務小組在第一天進駐時，就要求ＪＡＬ把未來幾個月的資金進出整理成試算表，而且每天更新。讓我們大感驚訝的是，ＪＡＬ的資金頂多再撐一個月，就會完全短缺、全面停飛，甚至面臨破產。

就像醫生看診會先用聽診器、把脈一樣，面對危機時的經營，必須掌握每天可立即使用的現金到底有多少。

反過來說，這時應放棄追求短期的損益目標，而是對各種風險因素做好停損，讓可能赤字的各種因素一口氣現出原形。

過去雷曼事件最嚴重時，由川村隆在二〇〇九年接任日立總裁，他一口氣把日立的惡膿擠出，高達日本實業公司史上最高的赤字金額總計七千八百七十三億日圓（約新臺幣兩千兩百億元）。

說到現金流管理，中小企業經營者通常做得更好。反而是東大畢業或哈佛大學ＭＢＡ畢業等白領精英（順帶一提，ＪＡＬ等大公司有很多這種學歷的精英）不擅長這種經營方式。畢竟他們不像中小企業老闆，是拿自己的錢創業，天天為了籌錢、攢錢而苦惱。

再加上，這些白領精英們很懂得向銀行借錢，而且是抱著趁情勢尚未完全惡化前，能借多少就借多少的心態，不然就是不斷提高融資額度上限。他們毫不在乎這些不斷增加的利息和手續費。

此外，當你覺得資金調度有困難，就應該拉下面子，盡量申請政策性的各項補貼措施，像是緊急融資額度、各種補助金、公家機關稅負和手續費等減免措施等。

像這次的新冠肺炎疫情，日本政府就提供可以免費拿錢送完為止的措施、雇用津貼以及各種減免措施等，雖然不知道還會持續多久，總之在這種危機的局面，應盡早排隊卡位。因為拿錢的隊伍一定排得很長，千萬不要還沒拿到錢，公司就因資金短缺而破產。

前面提到的里索那銀行也是一樣，日本在金融危機時，挹注在金融再生計畫或IRCJ的金額，高達七十兆日圓（約新臺幣十九兆元）；美國聯邦政府在雷曼事件發生後，提撥約七千億美元（約新臺幣二十兆元），作為不良資產救助專案（TARP）。

無論是哪種情況，我們的經驗是，**當政府提撥救濟資金專案時，能夠預防性的及早申請利用的企業，總是能在危機過後比別人早一步復甦**，也比別人早清償政府的貸款，並在危機後，迅速進入新一階段的成長期。

別覺得不好意思，只要是可以使用的資源，不管是父母給的、國家給的，都拿來用。

記住，古今中外，關於危機時的經營有一句名言：「現金為王（Cash is King）！」

## 經營斷捨離：真正應留下什麼？用急救檢傷分類來思考

在嚴峻的狀況下，作決斷通常伴隨著困難的取捨。比如說，如果資遣派遣工或裁員，會使得許多從業人員的生活和人生陷入危機；縮減往來廠商的家數，那些老客戶的公司可能也會開始裁員；如果大砍企業年金，那些從公司退休的員工們可能會引發大騷動，還讓媒體報導這件事；如果賣掉某個事業，一定會引發各種反作用力（摩擦、衝突）。

當公司發生鉅額虧損，可能無力償付債務。若被法人會計師事務註記，可能連股票都要下市。接著可能被銀行收回融資，最後宣告破產……。

當企業或事業面臨存續問題，經營者必須要下定決心，明確的指出要留下什麼。**有些人可能會想盡辦法「這個想要、那個也想要」**，**希望有雙贏、**

讓大家都幸福的方法，很遺憾，這種情況下，不存在這樣的選項。至少在短期內猶豫不決，一直尋找不存在的答案時，公司的狀況可能更加惡化，最後付不起員工最低限度的退休金、無法繳清客戶的欠款、無法償還金融機關的貸款，逼著全體員工都要一起犧牲。

在醫療的急救現場，遇到緊急狀況時，必須以緊急度及存活機率，進行明確的「檢傷分類」（triage），也就是排列出治療患者的優先順序。

實際上，新冠肺炎會大規模蔓延，據說是因部分歐洲地區沒有進行檢傷分類。這些以存活機率低為由，而被延後治療順序的病患，事實上就是被遺棄了。經營者面對危機時也一樣，一定要想清楚，自己真正要守護的東西是什麼，「不是這個，就是那個」，要展現出這種鮮明、果敢迅速的態度，也就是說，唯有檢傷分類式的經營才有可能渡過難關。

公司在面對生死存活的關鍵點下，許多經營者總是喜歡說漂亮的話，如

「我希望公司能繼續傳承下去」、「這麼棒的企業文化，絕對要保護好它」、「我一定不會棄所有員工不顧」。

可是，這種漂亮的話和想法不能當飯吃，也無法拯救每天汲汲營營於生活的員工。為了成就更大的善，應該果斷的捨棄一些東西。儘管一時之間可能會遭受員工強烈的批判和怨恨，但你仍要勇敢斷捨離。

## 就是要獨裁，朝令夕改也無妨

面對緊急事態，特別是面臨要做出根本性的決策時，領導者大概可以區分為兩種，一種領導者認為這問題很嚴重，所以會聽完所有下屬與夥伴的意見後，大家一起決定。另一種是澈底收集情報，最後孤獨的做出決斷。不用說，面臨危機時表現最好的是後者。

可是，日本組織在陷入困境時，依然偏好選擇重秩序、順從，會考慮眾人想法的人才，或敵人較少的人才來當領導者，連過去的JAL也是這樣。因為組織會擔心，若出現如織田信長般的獨裁型領導者，除了讓大家感到害怕，假設讓那種人拿到權力，不知道會不會不顧他人做出可怕的事。所以這時，組織內部的心理壓力會不斷升高。

組織高層想選出一個能帶領大家走過危機的領導者，結果，最後卻選了一個從未被捲進組織恩怨和派系鬥爭、可有可無、人品良好的人物。

這種類型的人因為不敢獨裁，所以會不停的開會，無止盡的浪費時間，讓危機變得越來越嚴重。

這種人說好聽一點是人品高尚，說難聽一點就是膽小鬼，只會躲在組織後面，很少現身在內、外部的人面前。發表評論也都是拿祕書或部屬寫的東西照稿唸。

自古以來，戰爭時就需要獨裁的體制。參與決策的人，只能是真正的專家。他們必須身經百戰，是擁有必要的專門知識與洞見，**懂得用最少的情報做出最佳決策的人**。以經營來說就是財務、業務、會計、法務、人事，曾在這些領域的殘酷戰場中存活下來的人，他們的經驗與技術最為寶貴。

至於其他人，可能屬於一味的模仿國外企業的最佳實踐（Best Practice）型，也可能屬於唱高調大談數位轉型的創新型。說白了，這種人完全派不上用場。此外，那種你問問題，若對方只會說「我等一下去查」、「這我不太熟，等我分析完再跟你報告」，像這樣的人也派不上用場。等他調查分析完，公司早就關門大吉了。

**這時候只能採用由上而下的方式的集權領導**。若經營者本身就很有能力，應從公司內外集結真正的專家，並組成臨時作戰組織，用即斷、即決的態度處理危機。**領導者必須經常露面，無論是面對公司內部或外部的場合，**

**並按照自己的意思做決定，說自己想說的話，也一肩扛起結果。**如果你察覺狀況有變，只要覺得哪裡不對勁，應立即做出決定，**朝令夕改也無妨，這個時點不是顧面子的時候。**

其實中小企業本來都是由上而下式的管理與經營，如果經營者自身能力很強，就不怕遇到危機。因為小企業身輕如燕，敏捷度較高，遇到危機較容易巧妙躲開。但這類企業的弱點就是，公司內部的高度專業人才較少。

那麼要去哪裡找真正的專家呢？中小企業的經營者，最感困擾的就是人脈不夠廣。這時候最安全的方法就是，請身邊長期往來且值得信賴的人，推薦適合的人選。比如說，大型銀行、日本商工組合中央金庫（按：融資對象以中小企業為主的政策性金融機構，簡稱商工中金）等政策性金融機構、會計師、律師……任何管道都可以，盡量打聽。或者你可以向事業再生實務家協會、各中小企業支援協議會等公部門的團體詢問。

之前有一個快破產的小型印刷機械廠商的經營者找到我，最後他們被橫跨日本、美國、中國組成的超強陣容拯救，包括長島・大也・常松法律事務所的創立者長島安治律師，及波士頓顧問公司的前合夥人兼前中國國務院副總理朱鎔基的顧問鄭力行（Bob Ching），成就一場國際級的併購案。

**既然是與公司存亡相關之事，臉皮厚一點也沒關係。**

但要有心理準備的是，這時候越是誠實的專家越不會說好聽話。正所謂忠言逆耳。願意對我們說嚴格的話，推薦給我們會產生疼痛的治療方法，這樣的專家更值得信賴。

## 面子不重要，聲請破產也是一種手段

有件事媒體也要負起責任。我相信日本國民只要一聽到有公司申請適用公司更生法或民事再生法（按：兩者皆為日本倒產法中的項目之一。在臺灣法律體系中，倒產法是指對陷於倒產狀態之個人或公司，施以清算或協助其重建的法律程序之總稱，倒產程序結束後，債權人之債務能夠獲得清償之比例通常甚低），就會產生這種想法：這間公司完蛋了，裡面的員工都要被解雇了。

但如果今天經營者真正想保護的，是「事業」與「組織能力」的話，這些動作不過是為了保護它們的手段，應該毫不猶豫的透過企業再生法，進行事業重組。

當然公司聲請破產會給股東造成很大的麻煩，即使是公司主動重組，最少也會對金融機構造成麻煩（因金融機構要充當媒介，協助企業融通資金）。對經營者來說，企業重組可能會讓他面子掛不住。但最重要的是決定處理事情的優先順序。只有能忍受這種程度壓力的膽識及不屈不撓精神的人，才能渡過真正的危機。

雷曼事件發生時，日本有兩件大型案件動用政府資金挹注計畫。一個是JAL，另一個是半導體記憶體大廠爾必達（Elpida）。爾必達是由日立、日本電氣（NEC）、三菱電機的動態隨機存取記憶體（Dynamic Random Access Memory，簡稱DRAM）事業共同組成。換言之，是「日本國家隊」的半導體記憶體大廠。

二〇〇三年，我在IRCJ做事時，大概了解爾必達的狀況。他們因日本金融危機的影響，很難籌措資金，我們內部也在討論要如何支援爾必達。社長坂本幸雄率領爾必達，在廣島建立新穎的工廠，技術和生產性都是世界一流的水準。但在這個榮枯盛衰激烈的產業中，若要持續成長，必須背負龐大的債務。在超高風險的產業中，投資資金來源大半都是債務性（負債性）資金，風險很大。

接受IRCJ重整的對象，只能是無力償付（按：指債務人失去了支付債務的償付能力）的企業，而爾必達當時的財務尚未惡化到這個程度，所以無法成為我們的支援對象。但雷曼事件發生時，他們陷入業績不振，資金不足的窘況，需要政府出手相救的問題再度浮上檯面。

在二〇〇九年時（恐怕現在也是），大家對此事議論紛紛，擔心政府將資金投入經營不振的企業，若最後有去無回怎麼辦？因此政府挹注爾必達資金時，以開創新事業的資本支出名義進行，而非貸款，使爾必達得以在無需償還的狀態下持續事業。

最後爾必達在二〇一二年申請公司更生法，國家出資的資金確定全額慘賠。爾必達透過更生手續讓債務變輕，最後由美國美光科技出資收購，併為旗下子公司。之後美光的企業價值大半都來自以前爾必達的事業，主力工廠依然是廣島工廠。

假如，那時我們把爾必達的案子，跟JAL一樣定位為再生案件，做好盡職調查（按：Due Diligence，嚴格調查事業與財務的實態，簡稱DD），必要時，可透過公司更生法進行債務整理，再投入政府資金的話，日本就能透過爾必達的DRAM，加上東芝記憶體（按：現改名為「鎧俠」〔Kioxia〕）的快閃記憶體，保住世界頂尖半導體王國的地位，政府資金不只能討的回來，還會增加好幾倍，全國國民都受益。里索那銀行、佳麗寶、大榮、JAL……比起這些政府針對投資經營不振的再生企業，投資爾必達不僅更安全，報酬更大，到時政府要擔心的不是投資虧損，而是賺太多會壓迫到民間企業。

總之，危機時需要的領導者必須有幾項特質：相信自己是對的，為了實現目的，選擇手段時能忍受外界批判，要有戰到最後一刻、做最後一個倒下的人的氣魄才行。在危機時，所謂的正義，應該是無論事業改變何種型態，都應生存下來再說（保住事業，才有雇用）。當然，要在合法的範圍內。

## 準備兩套資金，一套續命，一套重建

重建JAL的過程，在當時受到媒體大量的關注，每天各種報導接連不斷，但那都只看到表面。過了十年，許多事實被報導出來，現在總算有媒體可以寫出較正確的查證報導。

前文稍微提到，二〇〇九年九月的JAL再生任務小組剛成立時，我們面臨最大的危機就是到了十一月上旬，資金就會完全短缺，必須全面停飛。但我們仍想辦法擬定再生計畫，比照聲請破產的標準，引進事業再生ADR（按：是為了協助受債務過剩所惱的企業解決問題，所催生的法院不介入的自主重建制度。有別於民事再生等法律重整，事業再生ADR的債權協商對象僅限於金融債權，因此可讓企業在持續進行業務的情況下進行重建），畢竟一旦被金融機關查封或抵債就糟了，所以必須想辦法先打住，然後再從市場中（當時的目標是政府、投資機構、銀行）優先調度再生支援的過橋貸款（按：bridge loan，專門術語稱作「債務人持有資產」〔debtor in possession financing，簡稱DIP〕）兩千億日圓（約新臺幣五百六十億元），在進行真正的重建之前，先爭取多一點時間。

還有一個問題就是，若下定決心要重建，不能刪除占三〇%預算的固定支出，像是機材、路線、勞務等。其中花費最大就是人事費，如果還要加上額外遣散費用，包含申請退休的退休金等，資金最少需要三千億日圓。

這三千億日圓有去無回，所以不可以用融資的方式支付，要透過資本支出。關於這一點，我最初希望使用企業再生支援機構的出資功能，但JAL處於無力償還的狀態，很難直接出資，只能透過積極性的重組或法律手段聲請破產來減少債權。

簡單來說，我們要準備兩套資金，一套是續命的兩千億日圓融資，比喻來說就是輸血，另一套是真正的外科手術，需要三千億日圓以上的出資。這是面臨危機時，經營者普遍會遇到的問題。**仰賴融資的過橋資金以及透過出資，可用於長期投資的風險資本，這兩套錢的使用一定要分得清清楚楚。**

我們實際的做法是這樣：訂定計畫，明訂兩千億日圓的過橋貸款主要用來扣除三〇%的固定支出，並透過這份計畫申請事業再生ＡＤＲ。透過財務省的香川俊介（後來高升事務次官），以及國土交通副大臣辻元清美的努力，最後順利從政府、投資機構、銀行，獲得兩千億日圓的ＤＩＰ融資，並且在十一月初趕在最後一刻前得以實行。至於另一套資金，我們想盡辦法完成公司更生手續，達到債務刪減的目的，順利獲得企業再生支援機構出資三千五百億日圓。

沒多久，我們最有力的執行長候補人選——日本跨國科技公司京瓷的創辦人稻盛和夫，願意接下執行長職務，事情幾乎都按照再生計畫順利進行。

雖說稻盛先生是眾望所歸的名經營者（按：在稻盛和夫的著作《稻盛和夫的實踐阿米巴經營》中，記述他如何讓日航起死回生），但我們如果沒有在事前準備好兩套資金（債務性資金與自有資本性資金），JAL絕對無法重生。

這一點，中小企業也是一樣，融資屬於債務性資本，就算有寬限期、不用利息、無擔保，借貸就是借貸，這是必須要還的錢。當這樣的錢不斷累積，債臺高築，即使生意蒸蒸日上，如果賺來的錢不夠還這些貸款，等於喉嚨被人慢慢掐住，總有一天窒息而死。

無論是想補足長期營收減少所帶來的虧損，或從事結構性改革的投資，其來源一定要是自己的錢，像是補助金、給付金、或是有人願意出資、收購等，真正能為自己所用的自有資本。

在財務的領域中，這兩種「資本」的分類可說是基本中的基本，但如果能好好運用，就能渡過危機。

## 危機下產生的商機，你敢抓住嗎？

再大的危機終究會過去。而大危機通常是新時代的序幕，新商機冒出頭的時代。例如，遠程服務商機幾乎可以確定未來會快速成長，針對傳染病，應對策略的新商業點子已經陸續出現。原帶有泡沫的AI和共享經濟（按：這裡指AI和共享經濟的資產價值易暴漲暴跌）相關的新創企業，其股價暫時大幅滑落，但這類的商業領域透過新冠肺炎的經驗，很可能會朝實用化、貨幣化（按：指一定時期內貨幣交易總額，在國民生產總值中所占的比重。它代表一國貨幣體系的發達程度和商品經濟的發展水平）邁進。簡單來說，現在正是可以用便宜的價格買進或投資的時候。

雖然機會在眼前，但你敢在這時勇敢的投資或併購嗎？因為疫情流行帶來的衝擊，市場上瀰漫著投資縮手的氛圍，公司內部不是面臨裁員，就是掙扎著要不要放棄事業。面對千載難逢的投資機會，探索機會，身為經營者的你敢抓住它嗎？抑或讓機會溜走？

過去三十年間，日本面臨多次的危機，但日本多數企業幾乎都沒有抓住這些投資機會或成長契機。我因為工作的關係，在經濟危機時期，曾好幾次向日本大企業提案，我建議他們：「收購這個事業吧，未來很可能會有大成長。」但得到的答案卻是：「富山先生說的很有道理，但我們公司最近不斷勸員工提早退休，藉此刪減人力，在這個時機點還收購其他的事業，員工觀感不佳。」

二〇〇〇年中，液晶面板的市場大幅成長，甚至有成為必需品的徵兆，價格因此大幅滑落。為了避免日本企業陷入過度競爭的泥淖中，我向某大企業老闆建議賣掉這個事業，結果對方回答：「富山先生說的有道理，但是這個事業的營業額和去年相比不僅成長，而且由虧轉盈，我從不曾賣掉這種事業。最重要的是，在這種時機點賣掉這麼大的事業……公司內部的氛圍不允許我這麼做。」之後日本的液晶面板事業面臨什麼樣的命運，相信各位都很清楚了。

（按：近年液晶面板價格競爭加劇，再加上中國廠商低價搶市，有些企業，如三星、Panasonic 等，陸續退出液晶面板市場，而三菱電機在二〇二〇年六月，宣布退出液晶面板生產。）

不要被「觀感不佳」和「公司內部的氛圍」這種看不見、摸不著的曖昧、沒什麼道理的想法迷惑。**策略要合乎道理並行動，才是經營**；沒什麼道理卻還要做，反而讓更多人失去工作，失去未來。

以我的經驗來說，不被曖昧想法迷惑、能採取合乎道理行動的領導者，其共通點就是樂觀積極的態度。即使狀況再絕望，相信只要方法符合邏輯、有道理，就盡自己最大的力量，之後必會結出最美好的果實。若最後失敗也沒辦法，到時再想下一個方法就好。

看得開、樂觀積極、即使跌倒也能爬起來，就算面對最糟的情況，頭腦依舊冷靜，不會鬧出笑話，在絕境時還能溫柔的鼓舞大家，這種領導者實在難能可貴。

不論是商業模式受新冠肺炎衝擊較輕的企業，還是在此時投資曝險金額較低的投資公司，對他們來說，這是絕佳的大好機會。即使是受到較大衝擊的企業，只要正確應對，就能比其他公司更快進入恢復期。

危機一定會結束。等待危機結束的同時，應虎視眈眈的準備反攻，以樂觀積極的態度鎖定投資和收購的機會。

第四章

# 別講團結，
# 別提共識，
# 更別感情用事

跟前章提到的心得相反，接下來，我要說的是不適當的經營方式：

## ①只看自己想看的現實

凱撒大帝曾一語道破的說：「人總是只看自己想看的現實。」如果用這種態度來經營公司，公司一定會倒。即使現實擺在他眼前，這樣的人也會避開視線，只看自己想看的部分，這種方式經營不可能帶領公司脫離危機。

如果公司領導者屬於這種類型，最好想辦法把他換掉，如果辦不到，那就趕緊離開那間公司。

## ②無作為，只會精神喊話

我們在危機現場多次目擊這樣的光景：面對困境時，經營團隊對下屬或一線人員精神喊話，還做出一些不合理的指示，若一線人員達不到要求，就生氣抱怨。若繼續讓這種經營團隊帶領的話，公司必倒。

**③在意聲望，只想當好人**

有些領導者很在意員工對自己的想法、在意自己的聲望。若你看到領導者在這種艱難情況下，開始坐在員工餐廳吃飯、與一線人員圍成一圈聊天、刻意坐電車通勤等，那麼，不用對他抱有太多期待。

公司和事業正面臨生死關頭，員工或其家人的生活都仰賴經營者，員工在這時才不管經營者是不是好人、有沒有聲望。他們只想跟隨擁有正確的判斷力、行動力、有膽識能帶領大家脫離險境的人物。

**④一直開會，不做決定**

有些領導者怕遭人怨恨或批評，所以會花時間反覆討論，希望讓眾人來做最後的決定。

可是，遇到危機時，找一群人不斷的討論，根本是浪費時間。任何一個選擇都會有人反對、潑冷水，最終什麼事都沒辦法決定，只能給出模稜兩可的結論，結果沒人知道該怎麼做。

中小企業的經營者也可能遇到這種狀況，尤其是在富裕環境成長、學歷亮眼的第二代或第三代，越容易出現這類型的經營者。

## ⑤忙著籌劃不在場證明

很多經營者仍把自己當上班族，在面臨危機時，總是忙著製造自己已盡力做到最好的證據，但就是不做任何實際的決斷。明明可以採取讓公司從危機中存活的行動，但因為有風險，他完全沒有任何動作。

公司從外部請來的董事，也常有這種上班族體質。尤其是退休政府官員和學者，最常出現這種狀況。

試想，在戰爭情勢最嚴峻時，最高指揮官或指揮部的高級將領，選擇從戰場溜之大吉，這個軍隊還能撐下去嗎？同理，經營者放著公司不管，忙著製造不在場證明，這樣的公司不倒也難。

而且這種類型的人很擅長卸責。當經營不善就怪罪週遭一切，如：環境不好、政府不好、沒有人才等。更不負責任的是，對事後處理不聞不問，直接人間蒸發。

## ⑥搞錯現場主義的意義

有些經營者高呼：「遇到危機時，要奉行現場主義！」然後走入工作現場，聽取一線人員的意見，並對意見有共鳴，還約定一定會採納，然後真的照做，其實，這種經營者也不中用。

日本襲擊珍珠港之後，將領們在建造大和戰艦（按：史上最大，也是日本建造最後的戰艦艦型）的現場，依然不肯對著努力造艦的人說：「未來是航空戰的時代，不需要那麼巨大的戰艦了。」甚至在大和戰艦要被擊沉的那一刻，問甲板上的水手：「還要繼續堅持下去嗎？」他們一定會回答：「要堅持下去。」

真正的現場主義式經營應是，親臨現場，完整掌握最前線的實際狀態，當然，也要關懷那些在現場流血流汗的一線夥伴們，對他們打打氣，但同時也要在現場堅決的做出決斷，而不是迎合一線人員的想法。

## ⑦冷酷無情才是真正的仁慈

經營力＝決斷力×執行力。執行力是優秀的情理產物，若組織整體上下一心，士氣高昂的話，就能產莫大的力量。但決斷力是優秀的合理產物。

決策者若過度重視情感，很容易做出嚴重的錯誤判斷，我們從歷史中，可找出許多決策者，因為情感因素，而無法正確下決策。碰到危機時，經營的重點就是合理優於情理，沒有第二個選擇。

做事老是半途而廢、什麼決定都不做的經營者，只會帶給員工更多的不幸。這種經營者對人的同情心也很淺薄，因為他本身也是「薄情者」。在殘酷的戰場，「冷酷無情才是真正的仁慈」。即使當下再怎麼被怨恨也無妨，只要十年後、二十年後能被感謝，就算萬幸。

身為經營者，必須有這種覺悟才行。

## ⑧氛圍不重要，共識也是鬼扯

老實說，**面臨危機時，當下氛圍根本不重要。共識也只是鬼扯蛋。你唯一需要的，就是相信公司可以存活的信念**，以及具備合理、冷靜、迅速的判斷力與執行力。包括擬定危機過後的計畫，也需要這樣的特質。

在大量裁員之後，能不能勇敢的投資新的事業，並為了增強必要戰力錄用新人才，積極的併購有潛力的公司。如果你一直在意公司內部氛圍有如服喪般，而猶豫不決、磨磨蹭蹭時，成長的機會老早就從你眼前溜走了。

這些總是用不適當經營方式的經營者，經常盲目的樂觀，依照公司內的氛圍做決策，受恐怖感擺弄，行為膽怯。就算你無法做到我在第二章所說的建議，光是不要犯第三章的錯誤，公司存活下來的機率和再度成長的機率，就會大幅提升。

如果是金融機構，可以從這些角度來判斷，貸款對象（企業）是否擁有適合的人才，幫助公司挺過這次的危機；若是汽車製造商，則可以從產業鏈上的公司（上游如零組件製造商、中游有整車大廠、下游為品牌廠商等）的每日資金控管，來判斷他們的經營狀況。

## 向危機學習，磨練自己成為管理人才

以個人來說，應先收集各種情報，然後深思自己的處境及所處的組織，未來會被捲入什麼樣的風暴。在這時，你會聽到許多人各有不同的看法，但等危機過去後回頭想，你會發現大半都是無稽之談。

為什麼會這樣？

因為危機總是以新的形式襲來，這時要做的應是洞察危機的本質，尋找可參考的歷史法則，發揮想像力以引導出答案。但要做到這點，必須同時擁有廣泛知識與教養，以及從過往危機體驗中，濃縮出來的抽象性原理（按：運用判斷、推理等邏輯手段，深入認識事物本質）。

沒有人能掌握所有產業、知識與經驗。所以別人說的，包含我在本書提的，都只是一種情報、一種見解，只能視為判斷材料的一部分，最後要做決定的，依然是你自己。

我覺得最重要的判斷材料就是，把時間軸拉長，看看過去的危機出現什麼問題；如何推翻大家過往習以為常的看法。若你目光總是看著高機率被推翻的常識，你的人生很容易陷入長期的不幸。

無論是泡沫崩壞、日本的金融危機、雷曼事件，當事件發生時，有些在大公司工作的上班族，雖然覺得眼前的大混亂有些恐怖，不過自己待在大企業、世界知名企業，所以比其他人安全多了。但事實是，當危機過後，那些面對危機時，看似安穩的大企業或知名企業，一個接一個凋零。等下個危機到來時，這些企業將被澈底擊倒，而那些在組織中，只專心磨練組織內的固有技術（按：指製造產品及服務時，所須的技術）的人，便落得無處可去的下場。

反之，像是因日本金融危機而被國有化的里索那銀行；雷曼事件時，宣布破產的JAL；還有更早時期，從實質破產狀態，改為民營化後浴火重生的JR集團，那些曾待在這些組織處理危機的當事者，都替自己的未來打開一條康莊大道。

有很多找我諮詢的人，是公司已瀕臨重組狀態，未來立志成為管理階層領導者的二十多歲、三十多歲年輕人，他們問我接下來該怎麼辦。我幾乎都這麼建議：「留在公司吧，做到最後一刻，累積經驗。」

就長期的角度來看，沒有一種產業或一間公司，能永遠保證未來安穩無虞。當公司面臨重組，正意味著你遇到一個大好機會，可以從一個專業管理者的角度，來學習各種眼前的艱鉅任務。

一個人能在年輕時得到這種經驗，可說是千載難逢的機會。你可以在這個時候學到商業的本質，也可以經歷連錯綜複雜的人間劇場，或是見到如漫畫《王者天下》（按：以中國戰國時代末期為背景的日本暢銷漫畫）筆下人物般的英雄。我這麼說，當然不是要大家當《平家物語》的平知盛（按：平家大將平知盛在船上眼見大勢已去時，留下一句：「該看的都看盡了，此生了無遺憾。」便投河自盡），而是透過這個機會，近距離（幾乎是以當事者的角度）看到平常看不到但「應該要見識」的事物。這種個案研究的機會，比念十次工商管理碩士還要珍貴。而且你並非最高指揮官，即使戰敗，也不代表你的工作職涯就此終止，可以說是求之不得的任務。

和我一起共同經營 Michinori Holdings 的經營者松本順先生，原先在日本租賃（日本リース）公司上班。一九九八年，當時他三十七歲，公司面臨倒閉，他努力到最後一刻才離開。

順帶一提，一九八五年，我大學畢業後第一份工作就是在ＢＣＧ（波士頓顧問公司）的東京辦公室，當時只有二十名顧問，而ＢＣＧ在全球也只有五百名員工。我很多朋友的爸爸都在竊竊私語：「富山從東大法學部畢業，而且在學時就通過司法考試了，為什麼要進去ＢＣＧ（按：這裡指卡介苗縮寫）這種製造肺結核接種疫苗的公司，是不是發生什麼事了？」這不是老人的冷笑話，是真的發生的事。

從個人的角度來看，最應該銘記在心的，不是發生在周遭這種短視的經驗或常識，而是要向歷史學習。

歷史不斷重複上演，當新一波的危機降臨，沒人知道哪間企業會倒掉。所以，雖然人在組織裡，但不能只學習組織裡的技能，應磨練自己到哪裡都適用、可以向任何人說明的能力。

從這個意義來說，企業破產時，最不用擔心自己將來去路的人，反而是一線的製造人員或操作人員。反過來說，最應該擔心的人應該是選擇綜合職（按：日本應徵職位分類可大致分為綜合職和一般職，前者是以管理職為目標，工作變動、加班機會、能力要求都比較大，後者是以行政工作為主，工作變動、加班機會、能力要求都比較小），長年在職場上從事類似管理職、但又並非真正專業經理人（按：即所謂的執行長，但是沒有股份，或在股東會中擁有無足輕重的股份；在臺灣常指法人代表，老闆隨時可以更換法人代表）的上班族。

我們曾協助許多人，像是因公司破產，要找下一份工作的人；或被併購之後，在新單位沒受到應有待遇的人。但我們從未協助那些開口說「我可以勝任XX公司的部長職位」的人。如果你想用管理職一決勝負，那就應該下定決心成為專業經理人，磨練自己成為任何一間企業都能用的管理人才。

## 停止短期對策，開始規畫長期戰略

在決定經濟政策時，你也可以向歷史學習。至少這三十年來，我們看到不少的危機，政府在這時提出了什麼政策手段？這些手段產生或沒產生怎樣的效果？或留下哪些副作用？為什有些政策有用，有些沒用？

無論是日本、美國、歐洲，應該累積了相當多案例，我們最好馬上調閱這些歷史資料，並從中吸取教訓。

新冠肺炎病毒的擴散來得又快又急，目前政府提出的經濟對策，都是傾向於先渡過眼下緊急狀態的短期因應策略。企業也是一樣。這樣的策略本身沒有問題，但想要打長期戰，除了先穩定初期戰況之外，還要開始部屬後勤部隊，擬定長期性的戰略。當疫情拖長，經濟傷害也會加深，因應戰略的規模也隨之擴大，也就是說要開始長期性規畫。

若不斷採用短期措施，就像對症療法，哪裡出問題就治療哪裡，結果毫無策略的不斷投入戰力，直到戰況惡化被逼入絕境，等到了那種時候，只能以泡沫崩壞或金融危機收場了，前車之鑑就是日本的「失落的十年」（按：

失落的十年，指的是一個國家或地區陷入長期的經濟不景氣，且持續長達十年，才逐漸轉好。日本的失落的十年，為泡沫經濟崩潰後，自一九九一年至二〇一二年的長期經濟不景氣）。

面對新冠肺炎，最好要有長期抗戰的準備，從幾個月到幾年都有可能，生產與消費將大停滯，而且不分國內外，經營者應該假設最糟糕的情況，從現在開始擬定因應策略清單。如果疫情意外的提早結束，就可以開心的把這份清單收起來。

順帶一提，二〇〇三年ＩＲＣＪ為了購買債權（融資）和資本挹注，準備了十兆日圓的預算，但我印象中我們實際使用的金額沒那麼多，即使在花費最多的時候，餘額還有接近三兆日圓（約新臺幣八千三百億元），更不用ＩＲＣＪ說最後解散前的清算，還產生龐大的利潤。

但就我當時處理的經驗來看，不管是金融再生計畫（預算六十兆日圓）

也好，IRCJ的方案也好，如果可以早五年發動，幾乎所有的案件都無須用到再生型資本挹注，只要投入預防性資本就可以安全過關。換句話說，可以大幅減少日本經濟在危機時受到的損害。以過去的經驗做為警惕，這次不能再犯同樣的過錯。

中央政府也好，地方政府也好，面對的是全體國民以及全國上下的相關利益者，範圍非常龐大。再加上日本的財政狀況原本就非常嚴峻。在這種時候，面對危機，想要打出正確的牌，勢必會遭遇到各種折衝或反彈。但即使是財政的問題，也不能阻擋領導者採取正確的措施，畢竟若經濟出現系統性崩壞，損害的是日本全體，到時要再談財政重建更是難上加難。

本書在第三章提到的內容，幾乎能直接套用在以國家或地方經營者，負責政策立案、政策決定、政策執行的各個負責人身上。我身為國民的一員，地方居民的一員，衷心期待我們能擁有這種迅速果斷的領導者。

## 誰最須守護？

日本政府於四月七日發布緊急事態宣言，同天，內閣會議決定推出預算規模高達一百零八兆日圓（約新臺幣十兆元）的緊急經濟對策。政策推出後，各界議論紛紛，我曾經身為政府部門的一員，所以知道這類型的經濟對策是怎麼被擬定出來的，也理解這是政府在有限的時間以及財源等限制中，努力制定出來的策略。

前面也提過，國家也好，企業也好，這時候最先要做的，就是明確的列出想守護的對象的優先順序。考量到這次危機的規模以及特性，我認為國家要守護的對象應該有兩個，「沒有財產也沒有收入的人們」以及「經濟的系統性」。

以在緊急的情況下做出的緊急對策來說，日本政府發放生活費給失去收入的低所得階層並無不妥。除此之外，為了守護在地經濟系統，不僅提供中小服務業緊急融資，還發放補助金，我認為在現階段也是正確的做法。

因為，若經濟陷入混亂，於是出現大量倒閉、歇業、失業的情況，會讓日本經濟在中長期受到相當大的損害。

再來政府要做的，就是在執行階段時，捨棄追求精密以及一絲不苟的日本風格，過程中難免會有人鑽漏洞，應睜一隻眼閉一隻眼，執行速度才是現在最優先關注的事項，如果能做到這一點，就能產生一定的效果。

但是，若未來這場經濟危機，或說「經濟性的疫情大流行」抗戰，成為一場長期戰，對此我們應該採取什麼樣的手段？

我認為必須一邊觀察情勢的變化，用迅速果敢的態度，提前再提前準備好新的對策才行。我推測，再過不久，不僅是航空產業，所有國際企業都會捲入第二波經濟危機，其衝擊將超乎多數人的想像。而且在更遠處，還有F型的金融危機等著我們。

若到這個地步，「沒有財產也沒有收入的人們」及「經濟的系統性」，會受到相當龐大規模的損害。這麼一來，當疫情過後，國民生活重建之路將會變得極為困難。在經濟發生系統性崩壞之前，一定要想盡辦法擋下來。

前面也說過，近三十年來日本面對危機的經驗，堪稱全世界最豐富。政府也好、經濟圈也好、金融圈也好，應盡可能的活用這三十年間不管是成功與失敗的經驗以及歷史，想辦法把經濟損害抑制到最小程度。

## 沒有企業大到不能倒，而要著眼其提供的功能

無論是二十年前的金融危機、十年前的ＪＡＬ風波、因核電廠事故引發的東電危機……從宏觀經濟的角度或公共政策的觀點來看，我們真正應守護的不是個別企業，而是企業所提供與經濟社會系統相關的功能。媒體的報導總是關注個別企業的生死，還有相關人物的醜聞八卦。從公共政策的角度來看，重點應在於每個企業所提供的功能，像是金融系統功能、空中的公共交通功能、維持穩定電力提供的功能。

假設個別企業破產，導致業務停止（或造成連鎖效應），該公司肩負的公共機能大規模喪失時，人民的社會經濟活動必定承受很大的打擊，最後政府還是得投入鉅額的公費、稅金，重新建構並啟動這些業務。到時候各種社會性、經濟性的損失將極為龐大。就廣義來說，這些受疫情影響歇業的各種

中小服務業群，也多多少少負擔了整體公共財的部分功能。

若把目光移向更長期來看，還有幾個重點要注意，像是當這些功能暫時停止時，要如何渡過這段危機，並思考未來如何防止再次發生同樣的問題，或者就算發生時，也能透過事先內建的安全裝置躲過危機。

在擬定與執行這些因應政策時，也要想好這些政策的退場機制，以及結束的時間點，畢竟它就像一種生命維持裝置，只暫時用來因應危機而已。

幾年前，商工中金的違法融資問題浮出檯面時，我正好是討論商工中金未來樣貌的委員會成員之一。

這個問題出現在因應雷曼事件時推出的緊急融資制度上，導致即使經濟危機風波止息，依然留下後遺症。

當時商工中金為了增加貸款餘額的業績，把這些政府給的優惠措施包裝成低利貸款商品，不斷賣給不在補助對象範圍內的優良企業（而且銀行高層睜一隻眼閉一隻眼……國廣正律師是「第三方調查委員會」的委員長，他們整理出來的公開資料「商工中金調查報告書」中，有詳載此事）。

之後，商工中金在新社長關根正裕（西武鐵道集團出身）的帶領下逐步浴火重生。原本只用來預防系統性經濟崩壞的緊急融資，現在平時也可以用來作為延命裝置，幫助生產力低的企業。

日本在三低（低成長、低〔勞動〕生產、低薪資）的背景下，產業與企業缺乏新陳代謝，只能依附著低生產性勉強存活，是現在公認的問題。而肩負支持在地經濟圈重責大任的中小企業部門，該問題最明顯。

少子高齡化帶來的慢性勞動力不足問題，在經濟危機退去後，將成為不可避免的挑戰。到時候日本的經濟又多了一個要努力的面向，即如何提升低勞動生產力的問題。

如前述，在經濟危機時，即使是同行業，有些企業受傷程度卻比其他企業嚴重，這些企業通常患有慢性疾病，也就是生產力比別人低、財務體質比別人差。

其實無論大企業、小企業，都應趁經濟危機及之後的復甦期，改組低生產力企業，併入生產力較高、薪資雇用條件較好的企業或產業，壯大後者的事業以及版圖，千萬不要放過這個大好機會。

其實ＩＲＣＪ一直很重視這個問題，所以我們對支援案件挹注資本，幫助對方渡過難關後，原則上都會向包含競爭對手等第三方進行公正的拍賣，藉由賣掉股份或事業來回收資金。這麼做可以幫助企業在復甦期重組產業，避免姑息殭屍企業（按：指無望恢復生氣，但由於獲得放貸者或政府的支持而免於倒閉的負債企業）苟延殘喘。

這次新冠肺炎也一樣，政府在支援介入時，除了大撒錢之外，也要考慮到當危機止息後，在什麼時機點退場能收到最好的效果，還有政策本身是否有內建機制，藉此將殭屍企業苟延殘喘的副作用減到最低。

## 有實戰經驗的人才扛得住

有一點要特別注意，當危機降臨，很多「自稱」專家的人會四處橫行。當企業經營者陷入恐慌，或政策擬定者亂想辦法時，這些人就會不請自來。其中，還有鼠輩打著類似「M資金」（按：日本的都市傳說。謠傳日本戰敗後，駐日盟軍總司令（GHQ）接管日本時所沒收的財產，被運用在極機密之處）這種所謂祕密資金的名號到處行騙。

無論是我在IRCJ任職時遇到的大榮事件風波，或在IGPI遇到的JAL事件風波，都有有心人士到處渲染無中生有的事情，把它描述成恐怖故事。而媒體也順著這股風潮，開始有記者寫出這類子虛烏有的報導。

在支援ＪＡＬ重組時，我也看過幾個人自稱是「專門做企業再生的會計師」，向當時還是在野黨的民主黨幹部以及各部會首長，造謠「ＪＡＬ再生特別工作小組」蒙蔽了以兆日圓為單位的隱藏債務，甚至還撰文把稿子傳給幾家經濟雜誌。當然，事後都證明這些都是假消息。

當人面對生死交關、病況危急時，照理說該病患的主治醫師應該知道最多關於病人的情報，應該相信醫師會以豐富的臨床經驗，以及精湛技術做出最合理的選擇。公司也是一樣。

可是在日本，我們常在媒體看到名人的學歷詐欺，經歷詐欺引發騷動的事件不絕於耳。其實，日本和歐美相比，對於確認參考文獻（第三方的評價與評論）或憑證（資格認定）的方式太過寬鬆。簡單來說，我們都相信人性本善，所以容易成為那些假專家們作怪的溫床。

不過即使有憑證、經歷，危機經營和承平時期的經營不同，光是頭腦好也派不上用場。就算是美國商學院排名前五％獲獎畢業的人又如何？這時，只有曾經歷過危機洗禮，擁有實戰經驗的人才能真正派上用場。

日本的金融危機已經過去二十年了，雷曼事件也已經過了十年了。不管是雷曼事件後的經濟危機，或是東日本大地震以及核電廠事故帶來的經濟風險，都是由當時活躍於小泉政權和民間的人才承擔大任。

我四十二歲時，在ＩＲＣＪ擔任實務上的領導者，但現在我也都要六十歲了。當時和我一起在公家機關、金融機關、法律司法界、會計師界、勞動界一起流汗打拚的夥伴們，現在大多已經退休了。當初挖角我進ＩＲＣＪ的改革派少壯官僚森信親先生（當時是財務省的參事官），雖然後來高升至金融廳長官，但現在也退休了。其中也有像高木新二郎先生、細谷英二先生等已辭世的長輩。

日本公家機關和金融機構，基本上都是年功序列制的組織，而危機應對又屬非常態性的狀況，所以對組織來說，無論官方或民間，真正擁有豐富的臨床經驗、經歷殘酷戰場、有實務經驗的正牌專家正日益減少。

當然，現在還有少部分持續接再生案件的專業團隊或法律事務所，像我們的ＩＧＰＩ或西村朝日法律事務所，但近十年的案件數非常少，日本關於這方面的人才和技術也都集中在這些組織。

人一天只有二十四小時，而新冠肺炎帶來的經濟危機的規模非常大，要如何將損害最小化，如何有效率的渡過涵蓋經濟、金融、產業的危機，是很大的問題。就像大家現在擔心若感染大規模爆發，醫療系統是否能撐得住。我們必須全力避免因人力資源枯竭，而導致經濟崩壞、金融崩壞、產業崩壞的狀況發生。

第五章

# 利用這段時間，好好整頓企業的慢性病

如前述，日本在近三十年，幾乎每十年就遇到「百年一次等級的危機」。而每次危機的起因，都是大約一百年才會出現一次的罕見現象。

## 我們正面臨十年一次百年危機時代

日本大約每十年就遭遇一次如此大的危機，這樣的衝擊隨著時代進步，影響速度會變得更加即時，規模也逐漸擴大成世界級。其發生背景，就來自於全球化腳步加快，再加上數位革命使得情報傳播與市場變動，可以瞬間傳遍全世界。換言之，經濟危機一定會結束，但也一定會再來。而且下次再來的規模和等級又會再提升。這就是我們所處的時代。

二〇〇三年，我擔任產業再生機構的實質領導人時，曾誤判從泡沫崩壞以來持續的不良債權問題。我以為只要解決問題並等金融風暴過去，日本經濟就可以沿著過往的成長軌道持續前進，但沒想到即使問題解決了，日本也無法回歸平穩定成長的時代。反而在不知不覺之間，進入一個破壞性危機和破壞式創新交錯而來的時代。

若是如此，我們得認真考慮一件事：即使撐過這次的危機，若下次一樣的危機捲土重來時，公司或事業還能存續嗎？無論是生產性、競爭力、財務體質、經營力，在這個時代真的存在持續性、永續性嗎？

中小企業有事業繼承的問題，而大企業可能就要擔心憑現在公司的型態、獲利能力，還有最重要的組織能力，有辦法擋得住下一次破壞式創新的攻擊嗎？本書續集的主題就是企業轉型，將會深入探討這些問題。

不管是個人或政府都一樣。企業、個人、社會、政府所有層級，都必須具備更高的強韌度與韌性，才足以應付破壞性危機、以及每次都以新形態捲土重來的世界性危機。

就像病毒感染，有慢性病的人受感染後，更容易轉為重症。企業想在下次的危機中突破重圍，就是要努力根治「慢性病」（按：財務、事業、組織的結構性沉痾），因為這是經營企業時，最根本的韌性來源。

## 日本式經營，阻止企業發展

危機到來時，區分企業重症化程度的指標，大概有以下幾種：手頭尚能流動的資金（現金存款）豐厚程度、長期與金融機關的信賴關係，還有平時獲利的能力（特別是營業現金流的豐厚程度）以及自有資本的多寡（相對於獲利能力，負債較輕），這些指標前面已經有概述。如同六十六頁圖表3及六十七頁的圖表4，用這幾項指標來比較日本與美國的企業，顯然的，現在的日本企業確實是矮人一截。

近三十年來，大部分的日本企業都失去獲利能力，不賺錢，就不敢下定決心冒險、投資未來。他們害怕連這一點點的獲利能力也失去，所以乾脆把賺來的錢存起來，以防萬一。翻開他們的資產負債表就知道，日本企業透過左右兩邊的保留盈餘（法定盈餘公債）和現金，用左手換右手的方式，一點一滴的存錢。

說到底，問題的根源還是出在獲利能力。自一九六〇年，日本有三十年出現奇蹟式的成長，大獲成功，日本第一的封號不脛而走，連帶的使社會系統等各方面，也建構出「日本式經營」的模式。就在一九九〇年左右，經濟泡沫宣告這套模式已經超過使用期限，而日本卻又再用了三十年。

（按：日本式經營有三種特點：終身雇用制、年功序列制及企業工會。這種經營模式，能提高企業的整體向心力及忠誠度，顯示企業家庭式溫情，且能大量培養均質人才，並長期發揮他們穩定的熱忱精力和能力。

（然而，進入九〇年代後，隨著資訊化及全球化的發展，日本式經營漸漸起不了作用，更開始暴露缺點，例如，因被機器和電腦能穩定且準確的完成工作，定型化的業務變得不那麼重要了。另一方面，想像力、創造力……這些難以被機器和電腦所取代的人類特有能力，變得益發重要。）

用人來比喻，所謂的慢性病就是糖尿病、高血壓、心臟病。而日本有比慢性病更嚴重、更根源的核心疾患，那就是深建在日本公司、社會、還有個人生活方式核心的日本式經營。

隨著全球化腳步加快，世界各地開始出現一批新的市場參與者，他們憑藉著只要傳統產業幾十分之一的人事費用，就能提供優質的勞動力，藉此作為強大的競爭武器。

數位革命的迅速發展，促使這些不連續而且破壞性極強的創新，一個接著一個出現，既有產業的商業模式因此在極短的時間內被破壞殆盡。這種新的商業模式，引發新的附加價值，且顧客願意付出豐厚的價錢買單。透過軟體、網路，產生知識密集產業（按：knowledge intensive industry，指在生產的過程中，對技術和智力要素的依賴，大大超過對其他生產要素依賴的產業），進而削弱了靠集體共同作業來大量生產硬體的附加價值。

大家一起透過考試，進行學歷競爭，畢業後到了內定公司上班，成為終身年功（按：任職時按年考核的功績）制度的上班族，在公司作為同質性、連續性、固定性的成員之一，每個人在同一間公司進行集體式的改良創新，追求卓越績效，永無止盡的與其他公司競爭……這種以日本式經營為主軸所形成的公司、社會和人生，很遺憾的，大多數的產業與職業在現今都無法靠它立足，未來只會逐漸凋零。

這意味著事業模式與競爭結構的變化，需要新的組織能力。

如果需要變化的程度很小，只是稍加改良，那麼由同質性、連續性、固定性的成員組成的組織，確實比較擅長。但超過這個範圍，以運動來譬喻變化幅度的話，就像從打棒球變成去踢足球，傳統的組織會很快捉襟見肘。為了弭平不足的部分，代價就是獲利能力長期弱化。

對許多日本企業來說，慢性病的根源就是日本式經營，新冠肺炎帶來的經濟危機，只是讓這個問題更加快速的浮現而已。

當然，日本式經營並非一無是處。但必須把過時的日本式經營，從零開始，根本性的全面改訂成符合現代的模式，否則未來日本又和過去一樣，再當三十年的輸家。

## 封建式經營，真的人才不想來

本書的觀點是，在危機時代最好的經營方式應該是集權式、由上而下的經營，對個頭較小、較能靈活應變的中小企業來說，正好能發揮他們的強項。

然而，我在經營現場看過無數的中小企業的興衰後，有一個很深的感觸——中小企業也有慢性病，導致他們獲利能力低落、財務基礎脆弱。其最具代表性的慢性病，說的直接一點，就是「封建式經營」。

日本大企業的根本病理就是，日本「終身年功」男性上班族占壓倒性的大多數。若把這種終身年功上班族，換成終身世襲制的老闆家族集團與終身身分制的上班族（按：這裡指雇傭一個員工直到退休，且員工的工資跟職位，按照工齡、年齡來確立，所以職位不容易有變化），其實兩者的結構可說沒有太大改變。

這種以封建式的身分制度為前提，擁有高均質性、固定性、排他性、組織連續性的企業體，其實都有罹患相同慢性病的風險。

麻煩的是，由於這樣的組織有很強的連續性，所以「連爐灶的灰都是我的東西」的觀念，早已深深烙印在老闆家族集團之中，他們習慣用各種方式，巧妙的把公司業務賺來的錢，挪進自己的口袋。用比較嚴厲的說法，就是很多企業還存在封建式的壓榨性結構。如果不盡快改掉這種惡習，中小企業就無法招攬到優秀的人才，生產性和薪資也都不會提升。

想要改變中小企業這種幾乎改不了的老舊體質，最好的方法，還是導入外界新血，以提高新陳代謝力，轉換經營風格，澈底轉型。

現在日本的勞動者中，約有八〇%是中小企業的員工，以及服務業中存在最多的非正規勞工。所以日本的服務產業、L型產業的生產力很低，即表示中小企業的生產力很低。日本必須思考，如何把新的「人、錢、想法」注入其中，以促進創新與重組，提高生產力與薪資，如此一來，整體的經濟才有可能跟著變好。

## 不改掉慢性病，公司必倒

若面對危機時，應對得宜，再加上一口氣去除長期累積的問題，危機後，應該可以V型反轉……相信很多人在過去幾次的經濟危機中，都有看過這樣的劇本。

但為何長期來看，不少日本企業無法止住凋零：固定費用日益增加，利益率卻老是提升不了，等到下次危機來時，又重操裁員的手段。於是這些公司的體質變得更加虛弱，對於未來成長的投資不足，陷入長期低迷。

用人體來比喻，就像一個人因為病狀惡化，於是先做外科手術，雖然手術成功，術後也很認真做復健，但由於沒有改掉不良的生活習慣，沒多久又因此讓病狀復發，甚至惡化。

當經營者決定大規模裁員和裁撤事業之後，一定會產生這樣的想法：

「絕對不要再發生這種事。」

但問題是，要怎麼做才不會重蹈覆轍？如果中小企業堅持不裁員，就等於恢復終身年功制；如果堅持不裁撤事業，那麼事業組合就會僵固化，在這個破壞式創新的時代，這種做法就只能等著變成新一輪的殭屍事業，結果，還是得裁員和裁撤事業。

即使如此，不管是日本泡沫經濟崩壞、雷曼事件，還是東日本大地震之後，許多日本企業因當時的經營危機和裁員衝擊而重創，導致他們失去挑戰「過時的日本式經營」的勇氣，無法治好病根。

危機事件本身是外在因素，但若自家公司和國外競爭對手或國內同業相比，受到的傷害更深，那就要找出內在因素，並果斷的劃下手術刀，認真改變公司的樣貌，努力轉型。

可是，有這種能量的公司和堅強意志的經營者，說實在的並不多。

日本和世界在近三十年來，不斷的遭遇各種危機，如果以宏觀的角度把日本企業群與世界的企業相比，無論是從營收、利潤、市價總額、還有創造就業等各層面，日本都失去永續性。而且日本不只輸給美國，就連和經濟社會系統與日本較相近的歐洲企業群相比，日本在國際市場的存在感也大不如前。真正的原因就在於內部改革的力量。

自二〇〇七年開始的十年，我擔任歐姆龍（OMRON）的獨立董事時，也把這個課題作為最根本的問題意識。該社的高層管理團隊（當時是立石義雄會長以及作田久男社長，後來變成立石文雄會長與山田義仁社長）抱持的經營理念及問題意識，和我不謀而合，我也因為這個原因，接下獨立董事的職位，一做就是十年。後來，我們陸續改革企業治理、評估投入資本回報率（Return On Invested Capital，簡稱ＲＯＩＣ）經營以及公司骨幹，也就是強化與實踐經營理念。

雖然這段時間我們遭遇雷曼事件、東日本大地震等兩次大危機，但歐姆龍反而化危機為轉機，努力的矯正過時的日本式經營病以及大企業病（按：指企業發展到一定規模後，在企業管理機制和管理職能等方面，不知不覺滋生出阻滯企業繼續發展的危機，使企業漸漸倒退甚至衰敗。其危機包括：資訊不流暢、職責不清、思想僵化等），不斷探索時代追求的價值以及顧客願意付費的價值，並為了回應時代與顧客的要求，持續改變組織能力，讓公司不斷進化茁壯。

每當危機降臨，做出努力和沒有做出改變的企業之間的差距，會不斷的擴大。已故的歐姆龍創立者立石一真和松下電器（Panasonic）創辦者松下幸之助非常親近，也受到松下先生相當多的薰陶。

我認為我們做的這些努力，和松下先生的名言：「景氣好很好，景氣不好更好」的本義是相通的。

第六章

# 後疫情時代的新商機：訂閱經濟與在地數位轉型

疫情大流行，既然有「流行」二字，就表示一定會平息。不管它需要多少時間，新冠肺炎帶來的經濟危機，必然會有結束的一天。對我們來說，日子仍要過下去，所以一定要先擘劃危機過後的世界願景。

接下來，我要闡述我對後新冠肺炎時代的願景。

## 新的商業模式與結構，在危機中誕生

前文提到，新冠肺炎風暴同時帶給L型（在地）與G型（全球）經濟圈破壞性的危機。

對此，我們可以反過來思考，在全球經濟活動中，幾乎所有領域都會出現流動，既有的結構或多或少都會受到破壞。其實這種情況相對容易產生新的產業結構、創造新的商業模式、促進公司轉型。

東日本大地震時，很多人常說：「要從破壞性的衝擊之下復原，不要復舊，而是復『新』。」因此，無論企業是大是小，都需要經營者、決策者對於未來變革擁有強烈的意志，當他們因改革結構而感到陣痛時，還需要週邊的行政單位或媒體為他們加油打氣，最起碼不要妨礙他們。

L型產業群占日本GDP約七〇％，但他們仍陷入低生產、低薪資的泥淖之中。而屬於G型的國際型大企業，則是深受全球化規模的競爭與破壞式創新的影響。這兩者都藉由這次新冠肺炎的衝擊，澈底轉換過去停滯、衰退的商業模式。

當破壞性危機終結，意味著我們與破壞式創新的另一場戰鬥，才正要展開。無論是L型或G型，不能什麼都不做，眼睜睜看著自己的事業被數位轉型的浪潮淹沒，而是要趁這次機會提升成長的動力、競爭力和生產性。

組織和個人都一樣，若非受到很大的衝擊，否則很難下定決心，做這些痛苦又耗時的結構改革和根本性的改變，也就是我們說的轉型。

我認為，就在這一刻，從企業、個人、社會到政府所有層級的單位，都是進行轉型的絕佳機會。

## 企業改革的時機：危機最嚴重時

前面提過，在危機時，過去有無不良習慣造成慢性病，將成為企業存活的關鍵。昂貴的固定費用、營業現金流量帶來的淨利太少、與事業風險相比負債比率過高等，這些都是事業性、財務性上的慢性病。

若重視長期成長、永續性的話，就不要拘泥於短期利益或現金流，如果經營者無法認清這樣的現實狀況，或連企業基本的現金循環都不了解；又或者，大家選出這樣的經營者作為領導者，這就表示，該公司在企業治理、組織能力患上了慢性病。

就算運氣好，渡過這次危機，但這次受到的傷害加上本身的慢性病，若再遇到破壞式創新，這樣的企業仍會陷入苦戰；再度碰上破壞性危機，很可能就從此一蹶不振。

真正的淘汰始於危機，也終於危機。即使眼下的危機告一段落也不能因此鬆懈。不應等到危機結束才行動，應該在危機最嚴重時，啟動面向未來的改革。

新創企業也會發生真正的淘汰與選擇。九〇年代，網路相關的新創事業有如群雄割據，並正式進入淘汰賽的時代。當時的GAFA會茁壯成為現在這種超大型網路平臺，關鍵就在於二〇〇一年，網路泡沫破滅（日本稱為IT泡沫的崩壞）之後的發展。

近幾年，興起了所謂的「獨角獸」（按：指成立不到十年，但估值超過十億美元，且未在股票市場上市的科技創業公司）創業熱潮，使得許多公司價值朝向貨幣化，且超過本身收益能力的科技新創企業不斷冒出來，比如與AI、共享經濟相關的新創企業等，市場上呈現的榮景，宛如一九九九年網路泡沫發生前夕。

然而，隨著新冠肺炎的衝擊影響，加上原本支持這些公司估值的石油美元，因原油下降可能會出現緊縮，增加這次調整泡沫經濟條件的可能性。若泡沫調整真的發生，就意味著淘汰賽正式展開。這次打的是數位科技擂臺賽，將決定哪些新創企業會勝出。

換句話說，新創企業的經營者也要具備危機處理的經營能力，這才是真正的經營實力。美國矽谷實力堅強的創投公司紅杉資本（Sequoia Capital）在二〇二〇年三月六日時，就向他們投資的標的公司發出警告「新冠肺炎是二〇二〇年的黑天鵝」，強烈建議他們立刻清點手上的現金，算算看可以讓公司撐多久，心裡先有個底，接著假設營業額減少、資金調度困難時的情況，應減少行銷費用、人事費用以及設備投資費用等開銷，盡可能增加公司的存糧，延長存活的時間等。這些建議與本書第二章提及的內容不謀而合。

我在拙作《利用AI經營讓公司復甦》（文藝春秋）提到，我另一個畢生的志業，就是打造以新創企業為主的生態系統，就像矽谷以史丹佛大學為中心，產生出的新創生態系統，我希望這樣的生態系統也可以在日本形成。

我以東京大學為中心持續做這件事，前後大約有二十年。現在源自東大的新創生態系統的新創企業，總市值已經超過兩兆日圓。日本的流行語還出現「本鄉谷」（按：本鄉バレー，因東大位在東京文京區本鄉地區，而東大培育了很多AI人才，所以出現這個詞）這個詞，作為這個生態系統的催生者之一，我感到非常驕傲。

美國的創業經濟史也是這樣。他們的創業生態系統也是靠一次次的危機鍛鍊出來，而且還不斷更上一層樓，前面提到的紅杉資本的警告也強調這一點。我認為日本的新創生態系統已經成長到一定的規模，但這幾年的新創投資熱潮、ＡＩ泡沫、共享經濟泡沫等，蓬勃到讓我有點擔心，新創經營者和新創投資者是不是被寵壞了。

而這次的危機正好是個機會，可以讓這個生態系統受到鍛鍊，讓它變得更強，最終期待它變成全世界都認可的大型新創中心，並以穩健的腳步不斷進化。

不管是創投公司、新創企業，甚至是大學，都應藉著這次的危機站穩腳步，然後一躍而上，跳到另一個次元。

## 數位轉型加速，各行業回不到舊有服務

疫情大流行期間，大多數人不僅在家工作的時間變長，連假日在家休息的時間也會增加，使得遠距工作的軟體一時變得火紅，如Zoom（按：Zoom從二〇二〇年年初到三月中旬，成長了六七％，但因為時常爆出資安問題，美國紐約市、新加坡、澳大利亞、英國、德國、加拿大等政府部門禁止使用該程式），這對於企業的數位轉型的加速有很大的影響。

我也是如此，在家裡用亞馬遜Prime影音（Amazon Prime Video）看電影或戲劇的時間變長了。在年輕世代間，已經很少人看電視臺放送的節目，通常打開電視，出現的是亞馬遜Prime影音、Netflix、YouTube的首頁畫面。

電子商務或Uber Eats等共享經濟也不斷進步。這些活用數位技術與網路技術未來的浪潮，最後一定會加速流向醫療、照護、教育、行政服務等各

種領域，大概再也回不去舊有的服務模式了。

新冠肺炎病毒之所以流行，是因為全世界的流動人口急速增加，因此有些人推測未來全球化的速度應該會減緩，但我不這麼認為。

在數位轉型的時代，全球化的本質，已經不是真實物體和人該如何互相往來的問題。透過網路與數位技術，全世界的人幾乎可以同時共享情報，或利用科技，購買遠距離的各種產品與服務，甚至跨越國境也能享受到一樣的效用。有越來越多人願意到國外旅行，移民人口也逐漸增加，就是這些效用所展現的結果。

現在每個人都可以在這個瞬間，掌握全世界哪個國家有幾名新冠肺炎感染者、有幾個人重症化、有幾個人死亡等資料。現在大家透過電子郵件或社群軟體的交流量，都遠高於疫情發生之前，而且是全球共通的現象。當然，假新聞跟假消息也變多了。在數位轉型時代，所謂的全球化就體現在新冠肺炎風暴後的世界：無論好壞，這個世界已經變得更小了。

疫情發生前，歐洲的人氣觀光都市或日本京都等旅遊景點，因為太過熱門幾乎都產生觀光公害，觀光產業也有泡沫化的跡象，這次的疫情正好替它們踩煞車。與其一味的靠外國觀光客消費支撐，不如趁這個機會，讓提供觀光服務的業者思考如何提升生產力和薪資，也就是從重量（來訪觀光客人數）轉為重質（單價）。

至於移民問題，我認為包含歐盟等多數國家，對於這個問題的應對太過天真，因此在政治上引發許多問題，像是對於勞動資本自由化的反彈以及民粹主義的抬頭等，應該從更現實的層面看待人的存在。人不像機器，並非換個地方也能立即發揮作用，應該思考人跨越國境之後，從職業、學習、成家等各方面考量制定政策。我希望透過這次的新冠肺炎，能真正實現多樣性共存的理想社會。

無論如何，這次的危機是由全球化及數位化帶來的破壞式創新，這股浪潮勢不可擋，而且不斷增強的可能性很高。

## 人們消費模式改變，訂閱經濟發展加速

在現代，人們遠端工作、使用遠距醫療等服務，使用隨選視訊（Video On Demand，簡稱ＶＯＤ）、電子商務的頻率越來越高。

數位技術的服務（用另一個說法就是購買無形的享受），將因為這次的經濟危機而更加速發展。例如，考量感染風險，為了保護性命，與其去醫院和診所面對面的接受診療，不如在自家採用遠距診療比較安全。

另外，像是運動、音樂、戲劇等現場活動，很多都因疫情取消或延後，這個衝擊非常大，會讓社會的壓力不斷升高。奧運延期就不用說了，還有深

植在日本人生活中、作為大企業宣傳、被定位為日本國民福利的運動，如職業棒球、職業足球聯賽，都因疫情影響而停辦或延期，我想大部分日本人都感到非常遺憾。

曾幾何時，這些非實體性的消費變得如此興盛，尤其是現場表演，現在的人很願意花錢做這樣的享受，堪稱是消費之王。旅行也是一樣。

也就是說，**人們的消費對象將從買實體物品，逐漸流向變成買無形的享受**，而且這個趨勢還在加速中。物品開始被視為實現無形享受的手段，人們慢慢的不再大量購物，尤其是硬體的部分。

這次的危機導致耐久消費財的需求暫時消失，但即使平息危機，這部分的消費水準，可能比爆發疫情前低許多，這種情況在先進國家會更明顯。

那麼，什麼樣的經濟模式最能夠抵抗經濟危機的衝擊？

其實在雷曼事件時就已經證明這件事了——**利用訂閱經濟（定期購買、**

**重複使用）**，**遠距提供解決問題的服務**。這種商業模式其實從很久以前就存在，像是公共事業大多屬於這種，電力、瓦斯、通訊、NHK等。近年，網路上出現大量訂閱經濟加入市場。

電子商務、網路音樂播放、網路動畫播放、網路書籍訂閱、線上遊戲、網路金融……由於有網路這個共通的基礎建設，所以進入這個市場的成本比以前便宜非常多，大家都可以在網路型的訂閱經濟上分一杯羹。在B2B的領域，業者也可以透過雲端，提供各種訂閱型的解決問題服務，事實上這類型的事業正快速普及中。

無論是從使用者嗜好或是從商業模式的強韌性角度來看，消費者從傳統的購物到購買無形享受的潮流，只會加速發展，不會減緩。

## 人口過度集中造成三密問題

考慮到自然災害的影響，人口若過於集中大都市，社會整體面對危機的韌性就會大幅下降。就像這次病毒感染擴大現象，正好突顯出這個問題，而且全世界皆然。至於工作，由於數位網路技術的發達，現今大半的業務都可以透過遠距完成。

當我們生產活動的中心逐漸移往知識生產，相對於過去在辦公室工作，現在大多數的人不再需要從早到晚待在同一個場所埋首工作。

在日本大都市裡，上班族的工作大半都是這種類型，但大家還是都擠進都市裡工作，過度集中的結果，就像紐約、舊金山、倫敦一樣，產生一個問題：房租高漲到勞動人口的平均薪資負擔不起；在東京，幾乎所有勞工都要通勤超過一個小時，才能到達職場。

昂貴的住宅費加上通勤地獄，有不少人認為，這就是生活在東京的年輕人最多、但生育率最低的原因（從經濟和環境來看皆不適宜結婚生子）。

在知識密集產業中，知識聚集度越高者越有利，因此人口才會不斷向都市集中。

但過度密集，會降低整體社會系統的永續性，換句話說，可能一著不慎全盤皆輸。若只是為了聚集知識，沒必要不分職業種類、行業類別，讓所有員工從早到晚待在同一個地方辦公，若能活用最先進的數位網路技術，即使沒有直接碰面，大部分的工作都可以在毫無壓力的狀況下完成。

此外，供應鏈若因為全球化變得過長，也會有風險（按：即長鞭效應，供應鏈過長，就表示等信息傳到源頭時，已跟實際狀況有了很大偏差），這件事我們已經經歷多次天災或地緣紛爭，而得到慘痛的教訓。這次的危機恐怕也不樂觀，相關的風險將逐漸浮現。

如此一來，所有的產業在全球供應鏈模式，與在地生產在地消費模式之間，應該會重新調整再平衡。可想而知，在地生產在地消費型的經濟圈，很難在過度集中的大都市中實現。

現在正好是日本擴充5G路網路的時期。我認為這次的疫情將成為一個分水嶺。大都市（特別是東京這種極端集中人口）的現象可能會改變，人口可能會從都市往外流出。

東京作為國際型的大都市，當然其重要性與魅力度不會有太大的改變。東京依然是全球性競爭的舞臺，知識密集型企業、大學、新創公司、專業服務功能，還是會全都集中在東京，這一點未來也不會改變。

但這不意味著全日本三〇％人口，都要密集的居住在東京首都圈，集中在市中心工作——現在已經失去了這種社會與經濟的必要性。

人口過度聚集的大都市，離不開客滿電車加上辦公室工作，更造成了現代生活風格的最大問題——三密：密閉、密集、密切。三密會造成不必要的社會壓力，還有密度帶來的不經濟性，無論是天災、傳染病、恐怖攻擊，當這類的危機發生，這種都市型態會大幅降低社會的韌性。

解決方法不光是直接將人口或生活機能分散到地方，還包括遠距工作帶來的居家辦公，或部分時間住東京、部分時間住其他地方的雙據點生活，工作度假（按：workcation，在休假中途，安排一些時間解決公事）等，這類能同時活用地區的特色，一邊工作、生活的選項，越來越多了。

地方因為人口大減，到處都是便宜的土地，而由於新幹線的延伸，加上全日本有九十七個地方機場，以及高速公路網的整建，帶動便宜的高速巴士路網，很多地方交通變得相當便利，有些人利用這些特點進行經濟活動，也有人追求新的生活方式，而搬到大都市以外的地區。

我認為現代較容易實現大多數人的夢想，以及追求幸福生活方式。換句話說，從在地到全球的人流單行道，終於有機會改變了。

IGPI集團旗下的Michinori Holdings，北從青森南至神奈川，在東日本地區以發展巴士、鐵道、單軌電車、計程車等地方公共交通服務為中心，並運用最新的技術，協助在地經濟的再生與重組等，提高他們的生產性，獲取高收益，以此為主軸並乘著地方回流熱潮，持續成長。

從去年開始，在南紀白濱，因為受到機場民營化的委託，我們連帶幫助附近地區的經濟活性化。

例如，透過臉部認證技術，幫助地方朝無現金化發展，以及推動工作度假的風潮。事實上，以人工智慧（AI）、物聯網（IoT）、商務拓展（BD）為主軸，投入各種最新的數位科技，非常適合提升L型產業自動化及生產性的水準。

Michinori Holdings在南紀白濱機場做的事情，用現在的說法就是，推動

L型產業的數位轉型。

那麼，地方的現狀究竟如何？

雖然地方的生產性和薪資水準都很低，但居住費和生活費都很便宜，通勤時間也很短。現在的科技一日千里，若能運用新的數位科技來實現生產性革命，就能降低生產成本，並大幅提升勞工的薪資水準，這麼一來，就有可能打造出比大都市更豐富的生活圈。

現在，我和夥伴們正在討論是否要以Michinori Holdings的成功作為範本，尋找有志一同的金融機構或公司，一起推動在地數位轉型（local digital transformation，簡稱ＬＤＸ），形成更大規模的事業。若此舉能擴大成為社會運動，讓全日本啟動ＬＤＸ，地方創生就可以不用像過去那樣由政府主導，而無法上軌道；改由民間主導，應該可以透過持續性與自律性穩定的擴大。若能活化這個占日本ＧＤＰ七〇％的經濟圈，一定可以成為強力的引擎，讓日本擁有強大的動能，恢復過往榮景。

## 美國已開始建構永續性經濟系統

托瑪．皮凱提的《二十一世紀資本論》（*Le Capital au XXIe siècle*）以及哈拉瑞的《人類大歷史》（*Sapiens: A Brief History of Humankind*）在近年成為全球暢銷書，大家又開始熱議過去的資本主義、市場經濟、產業化模式，還有這一切最核心的股份有限公司的未來樣貌。

而且這次的討論是全球性的規模。像是，永續發展目標（Sustainable Development Goals，簡稱SDGs）跟環境、社會、企業管理（Environmental, social and corporate governance，簡稱ESG）等，大家開始以多元性的多方利害關係人治理為中心，試著重新建構一個永續性的經濟系統，就連股東中心主義的大本營美國也熱衷於此道。

十九世紀中葉，卡爾．馬克思提出「資本論」，並與恩格斯共同發表「共產黨宣言」，針對當時的資本主義經濟問題提出強烈質疑（幾乎是異議），這和現況似乎不謀而合。

在安倍經濟學（按：Abenomics，指日本前首相安倍晉三，執政時為了挽救日本沉寂多年的經濟困局，所提出的一系列政策）中，我最支持的，就是地方安倍經濟學（地方創生）與公司治理改革。

這兩者共通的問題意識，就是從多方利害關係人主義的價值觀，思考經濟社會系統永續的可能性。

二〇一五年，日本政府制定（嚴格來說我也是起草人之一）的第一部公司治理準則中，也明確的提倡多方利害關係人主義與重視永續性。這次的疫情，正好突顯從二十世紀末至今現代經濟社會系統的脆弱，包括全球化與數位革命的進展，使得知識密集產業化加速；人口和財富過度集中於都市；仰賴因金融寬鬆，所造成由高股價支撐的投資與消費的成長模式；貧富差距擴大等。

當這樣的系統受到很大的衝擊，類似SDGs、ESG等討論，就更有可能從紙上談兵躍升為現實的運動。就像日本政府提出的社會五．〇（Society 5.0）等，設定未來社會願景，改變的不只是技術層面，包括社會層面、經濟層面，像是股份有限公司、市場經濟、資本主義等型態，都會加速的改變。

對於這次的危機，日本政府部門也會釋放出史上空前鉅額流動性供給（金融寬鬆），以及推出大量的財政政策，包含後續的處理，無論是市場部門或政府部門，都會針對過去的經濟系統進行很大的轉型，不用懷疑，這樣的時代已經到來。

## 日本企業的數位轉型大多只是試水溫

最近，日本有很多企業為了數位轉型，而做出各種努力。

但是，問題出在於，這些日本企業想做的數位轉型內容。最常見的模式是這樣：先付一大筆的顧問費給外商顧問公司，然後再以國外的數位轉型案例作為基準點，擬定數位戰略或願景。

接著，將雲端的商業流程委外，然後進行數位轉型業務改革；或為了進行數位轉型，而引進開放式創新，成立企業創投（CVC）部門，讓員工前往矽谷或以色列考察，成立開放式創新實驗室等。

雖然這些企業自認做了很多的努力，但老實說，他們轉型的方式，就像在玩遊戲一樣。

什麼是真正的勝負？就是像新冠肺炎這種突如其來的危機。

不斷玩「轉型遊戲」的企業，在顧問業界眼中可能是非常好的客戶，但在經濟危機最嚴重、企業認為「應節省非必要、非緊急的開銷」時，還有多少數位轉型計畫能持續進行？

包含我在內的IGPI的專業人員，一旦站上顧問或獨立董事的立場，一定會強烈督促企業，別再繼續以往的模式，而是盡快認真著手公司本身的轉型。因為，當下次真正的危機到來，這些遊戲沒辦法幫你渡過危機。這次的危機正好是試金石，看看日本企業努力已久的數位轉型運動是來真的，抑或只是玩遊戲。

## 轉型目的，是強化企業原有能力

我們可以預期破壞式創新的衝擊範圍，會不斷的擴大，如果大家還是重複過去那種小家子氣的實驗或觀念上的戰略論，很可能會繼續吃敗仗。

二〇一九年，我跟早稻田大學的教授入山章榮介紹全球性暢銷書《領導與打破：領導與如何解決創新者的困境》（*Lead and Disrupt: How to Solve the Innovator's Dilemma*）（史丹佛大學的查爾斯．奧雷利教授和哈佛大學的邁克爾．圖許曼教授合著），並為之寫導讀。

該書強調，現在全世界有歷史的大公司，能否順利挑戰這波數位轉型，端看從領導者到一線人員公司整體的組織能力，是否能做到根本性的進化與強化而定。

除了要提升該企業原有的組織能力、核心優勢（企業最主要的強項），還要持續深化既有事業的競爭力、收益力，並具備能探索投資創新領域、事業的組織能力，這才是所有企業的進化目標。

想要進化成這樣的企業體，首先要彎下腰，澈底改變公司的基本樣貌，從人與錢開始，然後更深入到人們的生活方式、工作方式，以及潛在的價值觀與文化。

如同本書多次強調，唯有企業轉型才是邁向數位轉型的正確解答。

## 先挺過危機，再企業重建

雷曼事件剛結束沒多久，許多企業立刻出現V型復甦。但問題是，拉長時間來看，還能持續提升營業額與收益，步入成長軌道的企業只有少數。

大多數的企業呈現V型復甦後，因為遲遲找不到下一個成長模式，而陷入苦戰。如同我多次強調，不管危機是否出現，破壞式創新都會持續進行，只有直接面對它，從根本改變公司、事業、戰略的基本模式，持續變革，才能使公司維持同樣的成長力道。這次的危機也不例外。

在克服危機、事業再生（也就是在企業重建）時，企業中許多事物都被破壞，被重新檢視，既有的僵固結構會產生流動。這時候正好是大幅改變公司的基本結構、事業的基本模式、必要的組織能力（人才組合），也就是啟動企業轉型的最佳機會。

反過來說，最典型的企業轉型遊戲——數位轉型遊戲，在這個時期會變成非必要、非緊急的開銷與投資，所以幾乎所有的計畫都會被淘汰。另一方面，真正有意挑戰經營課題的經營者會認為，沒有比這時進行企業轉型更好的時機了。

對能成功挺過破壞式創新時代的企業來說，深化競爭力、探索新事業，乃不可或缺的能力，經真槍實彈的企業轉型洗禮，才能獲得的組織能力。

我曾和日立製作所的董事長川村隆與中西宏明，談到日立再生的過程，結果他們說的內容不只V型復甦，完全是以企業轉型為中心。他們透過路演（按：Roadshow，國際上廣泛採用的證券發行推廣方式，指證券發行商發行證券前，針對機構投資者的推介活動。是在投融資雙方充分交流的條件下，促進股票成功發行的重要宣傳手段）進行大規模增資，所以必須剖析許多根本性問題，像是改變股份有限公司存在方式、公司治理、轉換經營者模式、決策模式等的必要性，還有轉換以服務為主軸的商業模式、以全球化的共通指標評價人才的專業度、從資源管理的角度進行組織能力改革（如去除日本式人才雇用制度）等。

此外，我也曾和小松製作所（日本工業機械製造巨擘）的代表董事坂根正弘先生對談，他幫助小松製作所再生，更把小松製作所推向世界頂尖高收益企業，沒想到他的談話內容，話題也都圍繞在企業轉型上，這才是真正從本質上討論經營。

企業重建是否有連結到企業轉型？這才是危機經營的精髓。

讓企業挺過危機的魄力與決斷力，以及眼光鎖定下一個時代提早啟動改革的先見之明，未來唯有兼具兩種能力的領導者，才能通過時代的試煉。

結語／

# 從個人到社會，針對現在和未來開始改革

危機終將結束，太陽依舊會升起。

現在回想起來，二〇一一年，發生東日本大地震與核能電廠事故，當時日本可說處於一發不可收拾的局面，當時也和現在一樣，大家突然陷入眼前一片黑暗的狀況，每個人都看不到未來。

但我認為這時候更該抱持希望。因為，危機總會過去，我們必須不斷的朝未來邁開腳步。

危機的時代，其實就是領導者的時代。領導者必須比誰都拚命，敢冒風險、努力工作、負起責任。有這樣的領導者，最前線的員工才能義無反顧往前衝。所謂的現場力（按：營造一線執行任務的能力）就是由此而生。

現在，對所有人來說，最重要的就是全力去處理眼前碰到的問題。如，在醫學方面，是阻止傳染病爆發擴散；對一般人來說，則是改變生活習慣，這也是一種個人行動的轉型。還有，必須全面防止經濟發生不可逆的系統性毀滅，否則會造成許多人在經濟上頓失收入，於是生活和人生都陷入困頓。想避免這種狀況，無論是一線工作人員或領導者，都應該全力以赴。

接下來，我們面臨的課題，包括醫學上要開發預防感染的疫苗和抗病毒藥劑，醫療體制的整備與創新；還有為了防疫改變生活型態等，包含科學層面、社會層面的轉型。

從經濟層面來看，市場經濟系統、產業、社會等樣貌，以及作為工作者的個人工作及生活方式等，需要轉型的課題範圍相當廣泛。若你只是專業經理人，而非企業負責人，仍必須全力投入準備。而且這些準備中，占最多的應該是思考對於眼前危機的應對策略。因為它會影響到公司邁向未來的初期條件，也就是預設值。

總之，從中央政府到地方政府、企業、大學研究機構，運動、文化相關的各種團體，非營利組織等所有層次，領導者人必須針對現在和未來，發揮二〇〇%的努力去經營。大家一定要把握這次的機會，挺過這次的危機，同時從社會各層面一點一滴的啟動各種改革，澈底根治慢性病，這是我寫這本書最大的動機，我相信各界領導者也有一樣的想法。

危機終將結束，太陽依舊會升起。我相信透過覺悟與行動，再加上二〇〇%的付出與努力，各企業必然會迎來繁榮。

國家圖書館出版品預行編目（CIP）

後疫情時代的企業脫困與獲利：你上班的這家公司有做這些事嗎？哪類企業反而賺錢？財報該怎麼看能找出好投資標的？／富山和彥著；鄭舜瓏譯. -- 初版. -- 臺北市：大是文化,2020.11
192面；14.8x21公分. --（Biz；337）
譯自：コロナショック・サバイバル 日本経済復興計画
ISBN 978-986-5548-17-9（平裝）
1.企業經營 2.經濟發展

494.1 109014188

Biz 337

# 後疫情時代的企業脫困與獲利：

## 你上班的這家公司有做這些事嗎？哪類企業反而賺錢？財報該怎麼看能找出好投資標的？

作　　　者／富山和彥
譯　　　者／鄭舜瓏
責 任 編 輯／陳竑悳
校 對 編 輯／張祐唐
美 術 編 輯／張皓婷
副 總 編 輯／顏惠君
總　編　輯／吳依瑋
發　行　人／徐仲秋
會　　　計／許雪鳳、陳樺娟
版 權 經 理／郝麗珍
行 銷 企 劃／徐千晴、周以婷
業 務 助 理／王德渝
業 務 專 員／馬絮盈、留婉茹
業 務 經 理／林裕安
總　經　理／陳絜吾

出　　　版／大是文化有限公司
臺北市 100 衡陽路7號8樓
編輯部電話：（02）237579111
購書相關諮詢請洽：（02）23757911 分機122
24小時讀者服務傳真：（02）23756999
讀者服務E-mail：haom@ms28.hinet.net
郵政劃撥帳號／19983366 戶名／大是文化有限公司

法 律 顧 問／永然聯合法律事務所
香 港 發 行／豐達出版發行有限公司 Rich Publishing & Distribution Ltd
地址：香港柴灣永泰道70號柴灣工業城第2期1805室
Unit 1805, Ph.2, Chai Wan Ind City, 70 Wing Tai Rd, Chai Wan, Hong Kong.
電話：（852）2172-6513　傳真：（852）2172-4355
讀者服務E-mail：cary@subseasy.com.hk

封 面 設 計／孫永芳
內 頁 排 版／孫永芳
印　　　刷／緯峰印刷股份有限公司
出 版 日 期／2020年11月初版
定　　　價／340 元（缺頁或裝訂錯誤的書，請寄回更換）
ISBN　978-986-5548-17-9

CORONA-SHOCK SURVIVAL　Nihon Keizai Fukko Keikaku
by TOYAMA Kazuhiko